上海市工程建设规范

房屋质量检测鉴定标准

Standard for inspection and appraisal of buildings

DG/TJ 08—79—2024

J 11208—2024

主编单位:上海市房屋安全监察所
　　　　　上海市房地产科学研究院
批准部门:上海市住房和城乡建设管理委员会
施行日期:2024 年 7 月 1 日

同济大学出版社

2024　上海

图书在版编目(CIP)数据

房屋质量检测鉴定标准 / 上海市房屋安全监察所,
上海市房地产科学研究院主编. —上海:同济大学出版
社,2024.6
    ISBN 978-7-5765-1137-6

Ⅰ. ①房… Ⅱ. ①上…②上… Ⅲ. ①建筑工程-工
程质量-质量检验-鉴定-地方标准-上海 Ⅳ.
①TU712.3-65

中国国家版本馆 CIP 数据核字(2024)第 082269 号

房屋质量检测鉴定标准

上海市房屋安全监察所
                                    主编
上海市房地产科学研究院

责任编辑 朱 勇
责任校对 徐春莲
封面设计 陈益平

出版发行 同济大学出版社   www.tongjipress.com.cn
          (地址:上海市四平路 1239 号 邮编:200092 电话:021-65985622)
经   销 全国各地新华书店
印   刷 苏州市古得堡数码印刷有限公司
开   本 889mm×1194mm 1/32
印   张 2.875
字   数 72 000
版   次 2024 年 6 月第 1 版
印   次 2024 年 11 月第 2 次印刷
书   号 ISBN 978-7-5765-1137-6
定   价 35.00 元

上海市住房和城乡建设管理委员会文件

沪建标定〔2024〕42 号

上海市住房和城乡建设管理委员会关于
批准《房屋质量检测鉴定标准》为
上海市工程建设规范的通知

各有关单位：

由上海市房屋安全监察所和上海市房地产科学研究院主编的《房屋质量检测鉴定标准》，经我委审核，现批准为上海市工程建设规范，统一编号为 DG/TJ 08—79—2024，自 2024 年 7 月 1 日起实施。原《房屋质量检测规程》DG/TJ 08—79—2008 同时废止。

本标准由上海市住房和城乡建设管理委员会负责管理，上海市房屋安全监察所负责解释。

上海市住房和城乡建设管理委员会

2024 年 1 月 24 日

前　言

根据上海市住房和城乡建设管理委员会《关于印发〈2022 年上海市工程建设规范、建筑标准设计编制计划〉的通知》（沪建标定〔2021〕829 号）要求，由上海市房屋安全监察所和上海市房地产科学研究院会同有关单位对《房屋质量检测规程》DG/TJ 08—79—2008 进行修订。

《房屋质量检测规程》DGJ 08—79—99 自 1999 年 7 月 1 日起开始实施，2008 年修订为《房屋质量检测规程》DG/TJ 08—79—2008。该规程在本市既有房屋质量检测鉴定行业中使用频率高、应用范围广，对规范本市房屋质量检测鉴定工作、保障房屋使用安全发挥了显著作用。2008 年修订距今已十多年，在这期间城市建设快速发展，新的检测技术不断出现，为使该规程更好地适应时代发展的需要，对其进行修订。

本标准的主要内容有：总则；术语；基本规定；房屋完损状况检测鉴定；房屋损坏趋势检测鉴定；房屋安全性检测鉴定；房屋抗震能力检测鉴定；危险房屋检测鉴定；房屋质量综合检测鉴定；房屋专项检测鉴定。

本次修订的主要内容有：①标准名称修改为《房屋质量检测鉴定标准》；②对检测鉴定分类进行调整、补充，删除房屋结构和使用功能改变检测类别，新增危险房屋检测鉴定类别；③对标准章节分布进行调整，删除原附录 A 内容，将检测鉴定涉及检测的技术要求归入附录 A～附录 E；④对房屋其他类型检测鉴定内容进行调整，删除房屋结构构件受化学介质侵害的检测鉴定等内容，新增外墙面专项检测、承重结构损坏及修复检测鉴定、拟加装电梯房屋专项检测、房屋使用安全隐患排查和房屋应急检测鉴定内容;⑤结构材料性能的现场检测部分增加加固材料性能的现场检测内容;⑥构件损伤的现场检测部分删除房屋设备、附属设施运行状况的现场检测内容;⑦与新的管理规定、规范标准等相协调、衔接;⑧删除与行业管理相关的条款。

各单位及相关人员在执行本标准过程中,如有意见和建议,请反馈至上海市房屋管理局(地址:上海市世博村路 300 号;邮编:200125),上海市房屋安全监察所(地址:上海市北京西路 95 号 21 楼;邮编:200001;E-mail:rubyoicq@163.com),上海市建筑建材业市场管理总站(地址:上海市小木桥路 683 号;邮编:200032;E-mail:shgcbz@163.com),以供今后修订时参考。

主 编 单 位:上海市房屋安全监察所
　　　　　　上海市房地产科学研究院
参 编 单 位:上海房屋质量检测站有限公司
　　　　　　同济大学
　　　　　　上海市建筑科学研究院有限公司
　　　　　　中冶检测认证(上海)有限公司
主 要 起 草 人:蔡乐刚　陈志强　鲍　逸　周建武　张伟平
　　　　　　李占鸿　金立赞　朱　杰　王　昆　陈小杰
　　　　　　宋晓滨　郑士举　郝晓丽　朱　炜　许利军
　　　　　　李再峰
主 要 审 查 人:沈　恭　林　驹　陈　洋　赵为民　胡克旭
　　　　　　陈海斌　谢永健

上海市建筑建材业市场管理总站

目 次

Contents

1 总 则

1.0.1 为了统一本市房屋质量检测鉴定程序和方法,规范房屋质量检测鉴定工作,为房屋使用、修缮和改造等提供技术依据,制定本标准。

1.0.2 本标准适用于既有房屋的检测鉴定。

1.0.3 房屋质量检测鉴定除符合本标准外,尚应符合国家、行业和本市现行有关标准的规定。

2 术 语

2.0.1 既有房屋 existing buildings

已建成并通过竣工验收或已投入使用的房屋。

2.0.2 房屋质量检测鉴定 building quality inspection and appraisal

通过资料调查、现场调查和测试活动获取能反映房屋现状的信息和资料,并根据房屋已有资料、现场检测及试验室试验得出的结果,对房屋性能进行分析评估,最终给出房屋性能评估结果的过程。

2.0.3 抽样 sampling

从检测批中抽取一定数量样本,通过样本的性能反映检测批性能的检测方法。

2.0.4 非破损检测方法 non-destructive test method

在检测过程中,不损伤结构构件的检测方法。

2.0.5 局部破损检测方法 partially destructive test method

在检测过程中,对结构构件局部有损伤的检测方法。

2.0.6 结构安全隐患 structural safety hazard

结构体系和布置中有较明显缺陷,或构件有较明显变形损伤,或连接构造、截面尺寸等有明显缺陷。

2.0.7 房屋使用安全隐患排查 investigation of building safety hazard

通过现场调查,初步判断房屋存在的使用安全隐患,包括结构安全隐患、外墙高坠隐患等,并根据调查结果给出处置建议的过程。

2.0.8 应急检测鉴定 emergency inspection and appraisal

突发自然灾害、安全事故等各类安全事件后,通过必要的现场情况调查和检测,对房屋安全状况进行快速、临时性鉴定评估的过程。

3 基本规定

3.1 一般规定

3.1.1 既有房屋在下列情况下应进行房屋质量检测鉴定：

　　1 出现明显损坏、倾斜变形或其他功能退化，需要了解房屋状况。

　　2 结构构件产生明显裂缝、变形、腐蚀等损伤，或出于安全使用要求，需要了解房屋的结构现状和安全性。

　　3 毗邻工程施工等其他外部作用可能对房屋产生影响。

　　4 改建、扩建、移位以及建筑用途或使用环境改变前。

　　5 出于建筑保护要求，需要了解房屋的工作现状和后续工作年限内的可靠性。

　　6 对房屋质量状况有异议。

　　7 使用中发现安全隐患。

　　8 遭受灾害或事故后。

　　9 达到设计工作年限需要继续使用。

　　10 法律法规、政府规定或有其他需要进行检测鉴定的情形。

3.1.2 房屋质量检测鉴定可分为房屋完损状况检测鉴定、房屋损坏趋势检测鉴定、房屋安全性检测鉴定、房屋抗震能力检测鉴定、危险房屋检测鉴定、房屋质量综合检测鉴定和房屋专项检测鉴定。

3.1.3 应根据房屋检测鉴定目的选用不同的检测鉴定类型，检测鉴定宜以幢为单位，检测鉴定内容、方法及要求应符合相应类型检测鉴定的具体规定。

3.1.4 结构耐久性检测鉴定应根据耐久性检测与评定的相关标准进行。

3.1.5 如检测过程中发现险情，应及时通知委托方或相关主管部门。

3.2 房屋质量检测鉴定程序和基本内容

3.2.1 房屋质量检测鉴定应按图 3.2.1 所示程序进行。

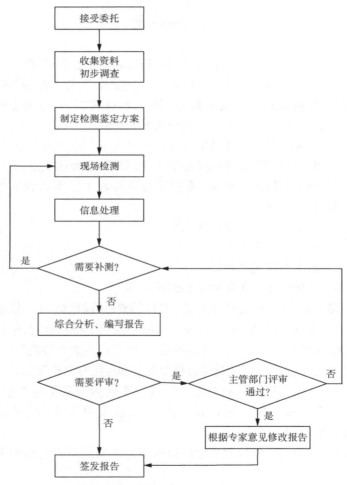

图 3.2.1 房屋质量检测鉴定程序框图

3.2.2 收集资料与初步调查环节应包括下列内容：

1 调查房屋建造信息资料。宜包括查阅工程地质勘察资料、现存相关图纸、施工记录、工程竣工验收资料、历次修缮改造资料和检测鉴定资料等。

2 调查房屋的历史沿革以及后续使用要求。宜包括使用情况、检查、检测、维修、加固、改造、用途变更、使用条件改变以及灾害损坏和修复等情况，其中房屋的使用、维修改造情况，重在查明建筑结构现状与历史原状之间的差别。

3 调查房屋结构体系。应包括了解房屋上部结构荷载的传递路径和主要结构构件的受力形式。

4 资料汇总分析。

3.2.3 检测鉴定方案应明确检测鉴定目的、范围和主要内容，确定检测鉴定所依据的技术标准和现场检测抽样数量，现场检测安全措施等。

3.2.4 现场检测的工作范围、内容、深度和技术要求应满足后续鉴定工作的需要。

3.2.5 检测鉴定报告应包括下列内容：

1 委托方和检测时间。

2 检测鉴定目的、范围和主要内容。

3 检测鉴定依据。

4 房屋设计、建造、使用等基本情况。

5 检测的主要部位、过程、方法、数据资料、分析评估等。

6 鉴定的分析方法、主要参数、分析结果等。

7 检测鉴定结论和处理建议。

8 检测鉴定人员名单。

9 检测鉴定报告签发及日期。

10 检测鉴定单位名称（盖章）。

4 房屋完损状况检测鉴定

4.0.1 房屋完损状况检测鉴定适用于现状评估、维护修缮、日常管理等需要确定房屋完好程度的房屋。

4.0.2 房屋完损状况检测鉴定应通过调查、检查、仪器测量等手段，在对房屋建筑装饰、结构和设施设备表观损坏情况全面了解的基础上，进行综合分析，评定房屋的完损等级。

4.0.3 房屋完损状况检测鉴定，除应符合本标准第 3.2.2 条的规定外，尚应包括下列内容：

    1 按照本标准附录 A 的要求对房屋结构体系进行调查，对建筑、结构图纸进行复核与测绘。

    2 检测房屋的损坏现状，采用文字、图示、照片或影像等方法，记录房屋建筑装饰部分、结构部分、设施设备部分的损坏，包括损坏部位、类型、程度和范围。构件损伤的现场检测应符合本标准附录 C 的要求。

    3 测量房屋的整体变形和局部变形情况，房屋整体变形、结构构件变形测量应符合本标准附录 E 的要求。

    4 分析房屋现有主要损伤形成的原因，包括自然老化、不当使用、不均匀沉降、热胀冷缩、周边环境影响，以及突发灾害事故等各种可能造成房屋受损的因素。

    5 分析房屋现有损伤可能对使用安全造成的影响，判断房屋可能存在的安全隐患，并依据现行行业标准《危险房屋鉴定标准》JGJ 125 的相关规定对损伤情况作出是否为危险点的判断。

    6 综合评定房屋完损等级，提出处置建议。

4.0.4 在房屋完损状况检测鉴定过程中若发现影响房屋安全使用的隐患，应及时告知委托方采取处理措施。

5 房屋损坏趋势检测鉴定

5.0.1 房屋损坏趋势检测鉴定适用于因各种因素可能或已造成损坏需进行检测监测的房屋。

5.0.2 房屋损坏趋势检测鉴定一般包括初始检测、损坏趋势的监测和复测三个阶段。

5.0.3 受相邻工程施工影响的检测和监测范围应按照现行上海市工程建设规范《地基基础设计标准》DGJ 08—11、《基坑工程施工监测规程》DG/TJ 08—2001 等标准确定,对于优秀历史建筑尚应根据建筑保护和设计要求确定。

5.0.4 房屋损坏趋势检测鉴定应通过对沉降、倾斜、裂缝、振动、应力应变等相关参数的检测监测,评估房屋受外部因素或内在因素的影响情况。除对目标建筑物检测外,还应对影响范围内的环境进行调查。

5.0.5 初始检测阶段,除应符合本标准第 3.2.2 条的规定外,尚应包括下列内容:

1 影响源的概况及其与受检房屋之间的相对位置关系。

2 检测房屋的损坏现状,采用文字、图示、照片等方法,记录房屋建筑结构损坏部位、类型、程度和范围。房屋建筑图纸缺失时应进行建筑测绘;构件损伤的现场检测应符合本标准附录 C 的要求。

3 测量房屋的整体变形情况,宜包括局部结构构件变形情况。房屋整体变形、结构构件变形、结构监测应符合本标准附录 E 的要求。

4 根据房屋的建筑结构特点以及与影响源的相对位置关系,结合现场检测结果分析受检房屋的变形敏感部位。

5   在能反映房屋位移特征的部位布设沉降、倾斜、裂缝监测点,并进行初始值测量。

6   根据房屋的结构情况及影响源特点,对监测内容、时间、期限、频率、报警值和测量成果提交方式提出要求。

5.0.6   房屋监测频率、监测精度、监测报警值应按照现行国家标准《建筑基坑工程监测技术标准》GB 50497 和现行上海市工程建设规范《基坑工程施工监测规程》DG/TJ 08—2001 等标准确定。

5.0.7   房屋损坏趋势的监测阶段应满足下列要求:

1   定期对房屋的变化趋势进行监测,包括沉降监测、倾斜监测、裂缝监测等。

2   每次监测宜固定监测人员、固定仪器设备,采用相同的监测方法,并应同步记录对应影响源的变化情况。

3   监测频率应根据影响源实际作用情况进行合理的调整,监测要求应符合本标准附录 E 和现行行业标准《建筑变形测量规范》JGJ 8 等标准规定。

4   定期观测记录房屋损坏现象的产生和发展情况。

5   及时分析监测数据,绘制变化曲线,分析变化速率和变化累计值;发现异常情况,特别是监测参数达到或超过报警值,应及时通知委托方。

5.0.8   复测阶段应满足下列要求:

1   复测应在影响源作用消除且房屋的变形趋于稳定后进行。

2   应采用文字、图示、照片等方法,记录房屋建筑结构损坏部位、范围和程度,并和初始检测对照,确定检测监测过程中房屋损坏状况的变化情况。

3   调查影响源的主要作用过程,对监测数据进行统计,分析房屋损坏原因和受影响程度,提出相应的处理建议。

5.0.9   在房屋损坏趋势检测过程中若发现影响房屋安全使用的隐患,应及时告知委托方采取处理措施。

6 房屋安全性检测鉴定

6.0.1 房屋安全性检测鉴定适用于已发现结构构件损伤、拟改变建筑用途或使用环境、已发现结构安全隐患或其他需要评定正常使用情况下结构安全状况的房屋。

6.0.2 房屋安全性检测鉴定应通过调查、现场检测、结构分析验算,对房屋结构的安全性能进行评估。

6.0.3 房屋安全性检测鉴定,除应符合现行国家标准《既有建筑鉴定与加固通用规范》GB 55021 以及本标准第 3.2.2 条的规定外,尚应包括下列内容:

    1 按照本标准附录 A 的要求对房屋建筑、结构图纸进行复核与测绘。

    2 按照本标准附录 B 的要求检测房屋结构材料力学性能。

    3 检测房屋的损坏现状,采用文字、图示、照片或影像等方法,记录房屋建筑装饰部分、结构部分的损坏,包括损坏部位、类型、程度和范围。构件损伤的现场检测应符合本标准附录 C 的要求。

    4 测量房屋的整体变形和局部变形情况。房屋整体变形、结构构件变形、结构监测应符合本标准附录 E 的要求。

    5 根据房屋及周边环境现状以及后续使用功能要求,调查结构上的荷载或作用情况。

    6 通过对房屋沉降、倾斜、上部结构损伤变形、地质勘察和基础设计资料的调查,综合分析评估目前房屋地基基础的状态。

    7 根据检测结果、荷载调查结果等,对房屋结构体系合理性进行分析,对结构构件承载力及构造连接可靠性进行分析评估。

6.0.4 当需通过现场荷载试验检验结构或构件的实际承载性能时,应按现行上海市工程建设规范《既有建筑物结构检测与评定标准》DG/TJ 08—804 的要求进行。

6.0.5 当有较大动荷载时,应按现行国家标准《建筑结构检测技术标准》GB/T 50344 和现行上海市工程建设规范《既有建筑物结构检测与评定标准》DG/TJ 08—804 的要求测试结构或构件的动力反应和动力特性。

6.0.6 房屋结构分析验算时,应建立合理的计算模型,并根据本标准附录 D 和现行国家标准《既有建筑鉴定与加固通用规范》GB 55021、现行上海市工程建设规范《既有建筑物结构检测与评定标准》DG/TJ 08—804 的要求执行。

6.0.7 房屋结构安全性应根据现场检测结果及结构分析验算结果综合分析评定。

6.0.8 对房屋局部结构进行安全性鉴定时,应对整幢房屋的结构体系、使用情况、变形情况进行详细调查,结构构件的承载力复核范围应包括被鉴定区域及其影响区域。如发现房屋结构存在安全隐患,应通知委托方及时采取处理措施。

7 房屋抗震能力检测鉴定

7.0.1 房屋抗震能力检测鉴定适用于拟进行主体结构变动、使用用途改变或荷载明显增加、延长后续工作年限、抗震设防要求提高或其他需要进行抗震能力评定的房屋。

7.0.2 房屋抗震能力检测鉴定应通过检测房屋结构的现状、调查房屋的改造方案和未来使用情况，按规定的抗震设防要求，对房屋主体结构的抗震性能进行鉴定。

7.0.3 房屋抗震能力检测鉴定，除应符合本标准第3.2.2条的规定外，尚应包括下列内容：

　　1 确定抗震设防烈度、抗震设防类别以及后续工作年限。

　　2 了解地基液化判别情况。

　　3 按照本标准附录A的要求对房屋建筑、结构图纸进行复核与测绘。

　　4 按照本标准附录B的要求检测房屋结构材料力学性能。

　　5 检测房屋的损坏现状，采用文字、图示、照片或影像等方法，记录房屋建筑装饰部分、结构部分的损坏，包括损坏部位、类型、程度和范围；构件损伤的现场检测应符合本标准附录C的要求。

　　6 测量房屋的整体变形和局部变形情况。房屋整体变形、结构构件变形测量应符合本标准附录E的要求。

　　7 根据房屋的现状以及后续使用功能要求，调查结构上的荷载或作用情况。

　　8 检测连接节点、围护结构与主体承重结构间的连接及其他抗震构造措施，调查检测突出屋面的非结构构件（如老虎窗、女儿墙、烟囱等）以及伸出墙面的装饰件、外挂件的连接状况。

9 通过对房屋沉降、倾斜、上部结构损伤变形、地质勘察和基础设计资料的调查,综合分析评估目前房屋地基基础的状态。

10 根据检测结果、荷载调查结果等,对房屋结构体系合理性进行分析,对结构抗震措施、抗震承载力、变形进行分析评估。房屋结构验算分析应符合本标准附录 D 的要求。

7.0.4 房屋抗震设防烈度、抗震设防类别应按现行国家标准《建筑工程抗震设防分类标准》GB 50223、现行上海市工程建设规范《建筑抗震设计标准》DG/TJ 08—9 及相关管理条例的要求执行。

7.0.5 房屋后续工作年限类别应按现行国家标准《既有建筑鉴定与加固通用规范》GB 55021 执行。

7.0.6 房屋改造方案和未来使用情况的调查,应详细了解建筑、结构的改造方案以及未来使用荷载的分布和大小。

7.0.7 结构和使用功能不发生改动的房屋抗震能力评定,应根据本章第 7.0.3 条检测所获得的信息及后续工作年限,按现行国家标准《既有建筑鉴定与加固通用规范》GB 55021 和现行上海市工程建设规范《现有建筑抗震鉴定与加固标准》DGJ 08—81 的要求执行。

7.0.8 结构或使用功能拟发生下列改动的房屋抗震能力评定,应根据本章第 7.0.3 条检测和第 7.0.6 条调查所获得的信息,按现行上海市工程建设规范《建筑抗震设计标准》DG/TJ 08—9 的要求执行:

1 加层、插层或扩建面积超过原房屋总建筑面积的 5%。

2 加层、插层或扩建面积超过原房屋典型楼层面积的 10%。

3 未经抗震设计的房屋进行加层或插层改造。

8 危险房屋检测鉴定

8.0.1 危险房屋检测鉴定适用于结构或承重构件严重损坏、显著变形或其他有可能丧失结构稳定和承载能力,需要明确结构危险性程度的房屋。

8.0.2 危险房屋检测鉴定应在对房屋现状进行现场检测、结构承载力验算的基础上,根据房屋的结构形式和构造特点,按照结构构件的危险程度和影响范围进行综合评定,确定房屋的危险性等级。

8.0.3 危险房屋检测鉴定,除应符合本标准第 3.2.2 条的规定外,尚应包括下列内容:

1 按照本标准附录 A 的要求对房屋建筑、结构图纸进行复核与测绘。

2 当需要进行结构验算时,应按照本标准附录 B 的要求检测房屋结构材料力学性能。

3 检测房屋的损坏现状,采用文字、图示、照片或影像等方法,记录房屋建筑装饰部分、结构部分的损坏,包括损坏部位、类型、程度和范围;构件损伤的现场检测应符合本标准附录 C 的要求。

4 测量房屋的整体变形和局部变形情况。房屋整体变形、结构构件变形测量应符合本标准附录 E 的要求。

5 当需要进行结构验算时,应根据房屋的使用现状,调查结构上的荷载或作用情况,根据检测结果、荷载调查结果等,对房屋结构体系合理性进行分析,按照本标准附录 D 的要求对结构构件承载力及构造连接可靠性进行分析评估。

6 根据检测、计算结果,对房屋的危险性进行综合分析和评估。

8.0.4 应根据房屋结构体系和传力路径,对房屋地基、基础、上部结构的危险性关联状态进行综合分析和判断,明确危险构件并判定危险构件的影响范围。

8.0.5 房屋危险性等级的评定应按照现行行业标准《危险房屋鉴定标准》JGJ 125、《农村住房危险性鉴定标准》JGJ/T 363 等相关标准的规定进行。

9 房屋质量综合检测鉴定

9.0.1 房屋质量综合检测鉴定适用于优秀历史建筑、重要公共建筑和其他需要进行全面检测鉴定的房屋。

9.0.2 房屋质量综合检测鉴定应通过对房屋建筑、结构、装饰部位、设施设备等进行全面检测，建立和完善房屋档案，全面评估房屋质量。

9.0.3 房屋质量综合检测鉴定，除应符合本标准第 3.2.2 条的规定外，尚应包括下列内容：

  1 按照本标准附录 A 的要求对房屋建筑、结构图纸进行复核与测绘。

  2 宜采用三维数字化技术进行测绘，并绘制特色部位详图。

  3 了解建筑特色与风格、建筑环境、保护类别、公布年代、重点保护部位等。

  4 按照本标准附录 B 的要求检测房屋结构材料力学性能。

  5 检测房屋的损坏现状，采用文字、图示、照片或影像等方法，记录房屋建筑装饰部分、结构部分、设施设备部分的损坏部位、类型、程度和范围；构件损伤的现场检测应符合本标准附录 C 的要求。

  6 测量房屋的整体变形和局部变形情况。房屋整体变形、结构构件变形、结构监测应符合本标准附录 E 的要求。

  7 根据房屋的现状以及后续使用功能要求，调查结构上的荷载或作用情况。

  8 检测连接节点、围护结构与主体承重结构间的连接及其他抗震构造措施，调查检测突出屋面的非结构构件（如老虎窗、女儿墙、烟囱等）以及伸出墙面的装饰件、外挂件的工作状况。

9 根据检测结果、荷载调查结果等,对房屋结构体系合理性进行分析,对结构承载力和抗震性能进行分析评估,房屋结构验算分析应符合本标准附录 D 的要求。

10 对房屋结构安全性和抗震能力分别进行评定。

9.0.4 房屋使用荷载的调查分析应符合下列要求:

1 恒荷载的调查应采用抽样实测的方法,重点检测楼面找平层、装饰层的材料与厚度,吊顶及悬挂荷载,以及填充围护墙的材料与厚度。材料容重宜按照本标准附录 D.2.1 的要求取值。

2 活荷载应根据实际使用功能、后续工作年限按照本标准附录 D.2.2 的要求确定;对活荷载较大的设备房、档案资料室等,也可根据使用现状进行调查实测。

9.0.5 房屋建筑、结构图纸的复核与测绘应符合本标准附录 A 的要求。对于优秀历史建筑,还应符合下列要求:

1 建筑图纸的复核与测绘,应包括有特色的、有历史意义的、保护部位的细部大样图。

2 构件钢筋规格与数量的检测,应采用非破损检测与局部破损检测相结合的方法,抽样数量应确保可根据抽样检测结果推断截面或配筋的规律。

3 应对连接节点进行重点检测,主要包括钢筋混凝土框架梁柱节点箍筋、钢框架梁柱节点连接构造、外立面填充墙与框架的连接方式、木屋架节点连接方式、砖混结构中水平构件与竖向构件的连接方式、加层或插层结构构件与原结构的连接方式、不同时期建造的相邻部位的连接方式等。

4 房屋基础资料缺失或不全时应选择代表性的部位进行基础开挖检测,主要检测基础形式、埋深、截面尺寸及有无损伤老化状况,必要时宜检测基础材料力学性能。

5 宜采用三维数字技术采集数据;受装饰装修等条件限制无法对内部构件勘察时,可采用高清内窥镜辅助检测。

9.0.6 房屋结构验算应以实际结构状况和实际荷载进行，应判断计算条件与建筑实际情况的符合程度，并对验算结果进行综合分析，合理评估。

9.0.7 结构安全性和抗震能力评定应符合下列要求：

1 结构安全性和抗震能力评定应根据房屋结构体系、结构抗震措施、结构计算分析结果、老化损伤程度、房屋使用现状等综合分析。

2 结构安全性评定按照本标准第 6 章的要求进行，当评定结果与建筑结构的实际情况明显不符时，应复核计算模型、荷载取值和材料强度，必要时采用人工验算方法对局部结构构件承载力进行复核，或通过现场荷载试验对受弯构件承载力进行评定。

3 结构抗震能力评定按照本标准第 7 章的要求进行，对于优秀历史建筑的抗震能力评定宜按现行上海市工程建设规范《优秀历史建筑抗震鉴定与加固标准》DG/TJ 08—2403 的规定执行。

10 房屋专项检测鉴定

10.1 外墙面专项检测

10.1.1 外墙面专项检测适用于建筑外墙饰面及外墙外保温系统的专项检测与评定。

10.1.2 当房屋外墙出现下列情况时,宜进行外墙面专项检测:

    1 外墙面出现裂缝、空鼓、脱落等现象。

    2 外墙出现严重渗漏现象。

    3 对外墙面质量状况存在异议。

    4 拟对外墙面进行修缮。

    5 遭受撞击等意外情况。

10.1.3 外墙面专项检测应包括下列内容:

    1 外观损坏状况检测。

    2 外墙面空鼓状况检测。

    3 外墙面构造层界面粘结强度检测。

    4 外墙面构造检测。

    5 外墙面锚固件分布及力学性能检测。

10.1.4 外墙面外观损坏状况检测主要采用目视检测的方法,对外墙面开裂、脱落、渗水等损坏状况进行检测,对裂缝尺寸以及脱落、渗水的情况可使用裂缝检验尺或其他仪器进行测量。检测中应对损伤的部位、类型和程度进行检查、记录。

10.1.5 外墙面空鼓状况检测可采用敲击法,也可采用红外热像法,但应辅以敲击法验证。红外热像法检测应按现行行业标准《红外热像法检测建筑外墙饰面粘结质量技术规程》JGJ/T 277 或其他相关标准的要求执行。

10.1.6 外墙面构造层界面粘结强度检测应按现行行业标准《建筑工程饰面砖粘结强度检验标准》JGJ/T 110 的要求执行,外墙外保温系统粘结强度检测可按现行上海市工程建设规范《建筑围护结构节能现场检测技术标准》DG/TJ 08—2038 的要求执行。

10.1.7 外墙外保温系统构造检测,可采用取芯、局部凿开破损等方法,并结合已开裂或脱落部位,对系统分层、网格布设置、分格缝设置等构造进行抽样检测。检测可按现行国家标准《建筑节能工程施工质量验收标准》GB 50411 及现行上海市工程建设规范《建筑节能工程施工质量验收规程》DGJ 08—113、《建筑围护结构节能现场检测技术标准》DG/TJ 08—2038 等标准的要求执行。

10.1.8 外墙面渗漏情况可采用目视检测并辅以红外热像法进行检测,红外热像法检测应按现行行业标准《建筑防水工程现场检测技术规范》JGJ/T 299 的要求执行。

10.1.9 外墙面锚固件分布和力学性能检测可按现行行业标准《外墙保温用锚栓》JG/T 366 以及现行上海市工程建设规范《建筑围护结构节能现场检测技术标准》DG/TJ 08—2038 的要求执行。

10.1.10 外墙饰面及外墙外保温系统状况应根据现场检测结果、外墙面设计与施工要求并考虑损坏发展趋势进行综合评定。外墙外保温系统状况也可按现行上海市工程建设规范《外墙外保温系统修复技术标准》DG/TJ 08—2310 的要求进行评定。

10.2 承重结构损坏及修复检测鉴定

10.2.1 承重结构损坏检测鉴定适用于存在疑似损坏承重结构的房屋,承重结构修复检测鉴定适用于承重结构修复后需要进行修复质量鉴定的房屋。

10.2.2 承重结构损坏检测鉴定应包括下列内容:

　　1 房屋概况调查,包括房屋层数、使用功能、结构类型、建造年代、改造情况等。

2 相关资料收集,包括房屋原始设计文件、拆改照片等。

3 房屋承重结构体系调查,包括结构体系、传力路径、主要承重构件的布置调查等。

4 构件拆除和损坏情况调查及检测,包括被拆除和损坏构件的类型、位置、材料、拆除或损坏的尺寸、相邻构件损坏情况等信息。

5 判断被拆除或损坏的构件是否为承重构件,综合分析构件损坏的程度。

6 对已损坏构件的后续处理提出建议。

10.2.3 承重结构修复检测鉴定应包括下列内容:

1 收集和调查相关资料,包括承重结构损坏检测鉴定报告或相关部门出具的损坏认定书、修复设计图纸、修复施工单位相关资质、原材料质量保证资料、验收资料等。

2 过程检测:在承重结构损坏修复过程中对相关隐蔽工程应进行过程检测,如砌体结构中新老墙体的连接构造,混凝土结构中新浇混凝土部分的钢筋安装、锚固、连接等。

3 检测构件修复后的形状尺寸以及表观质量。

4 检测修复构件的主要材料强度。

5 对修复质量进行评价。

10.2.4 对检测过程中发现因拆改承重构件严重危及房屋结构安全的,应立即通知相关部门采取应急处置措施,必要时进行房屋安全性检测鉴定。

10.2.5 当出现下列情形之一时,承重结构损坏检测鉴定报告结论应判断为损坏房屋承重结构,并提出按原样进行修复:

1 擅自拆改房屋的基础、承重墙体、梁柱、楼(屋)盖等房屋原始设计承重构件。

2 擅自扩大或移位承重墙上原有的门窗洞口。

3 拆改飘窗等附属构件影响结构安全的。

10.2.6 当明显超过原设计标准增加使用荷载时,承重结构损坏检测鉴定报告结论可判断为影响房屋结构安全,并提出按原样进行修复。

10.2.7 当同时满足下列情形时,承重结构修复检测鉴定报告结论可判断为已按原状修复:

    1 材料不低于原构件的用料标准。

    2 恢复了原有构件的形状和受力性能。

    3 修复部位的构造措施符合有关技术规定。

    4 修复资料完整。

10.3 拟加装电梯房屋专项检测

10.3.1 拟加装电梯房屋专项检测适用于拟外部加装电梯的既有多层住宅。

10.3.2 拟加装电梯房屋专项检测除应符合本标准第 3.2.2 条的规定以外,尚应包括下列部分或全部内容:

    1 调查拟加装电梯处室内外高差、各层层高、主要挑出物(门廊、雨篷、檐口等)尺寸及标高,各层入户处门窗尺寸、位置,楼梯梁位置及截面尺寸、楼梯平台净尺寸,地下室外扩部分的尺寸及标高等。

    2 调查加装电梯相邻区域的结构传力体系、构造柱、圈梁、过梁的布置及尺寸,双跑楼梯间外墙处梁是否上翻等。

    3 调查房屋基础现状,包括基础形式、截面尺寸、埋深、基础梁截面尺寸等。

    4 抽样检测拟加装电梯相关区域主体结构主要承重构件的材料强度。

    5 房屋整体倾斜测量以及加梯部位倾斜测量。

    6 调查拟加装电梯相关区域、房屋整体外墙等相关部位的完损状况。

10.3.3 检测报告应能反映既有住宅拟加装电梯单元主体结构的使用现状,并从结构专业角度评估该单元主体结构加装电梯的可行性,为后续加装电梯结构设计提供技术依据。

10.3.4 当检测发现房屋存在严重的结构性损伤或安全隐患时,应要求进行安全性检测鉴定,并根据鉴定结果提出相应的加固处理措施。

10.4 房屋使用安全隐患排查

10.4.1 房屋使用安全隐患排查适用于需要了解是否存在结构安全隐患、外墙高坠安全隐患的房屋。

10.4.2 房屋使用安全隐患排查宜包括下列内容:

 1 调查房屋的基本信息,包括房屋地址、建造年代、房屋改造维修记录、房屋质量检测记录、房屋周边环境情况等。

 2 调查房屋的建筑和结构基本情况,包括房屋建筑面积、结构体系、层数、主要结构材料、改建搭建情况等,分析房屋结构体系和构造措施的合理性,判断是否存在结构安全隐患。

 3 调查房屋的损伤情况,采用照片等形式详细记录结构损坏的位置、损坏特征等信息,查明并详细列出房屋存在的安全隐患点和危险点,并对损坏的原因进行定性分析;多高层房屋尚应重点关注外墙墙面、外窗、挑檐、公共出入门厅,以及空调外机架、晾晒架、雨篷等外墙附着物的高坠隐患情况。

 4 怀疑房屋存在较大变形时应进行变形测量。

 5 根据房屋自身特点需开展的其他工作。

10.4.3 房屋使用安全隐患排查以目视检查为主,按照先整体后局部的顺序进行。对损伤和变形可采用裂缝对比卡、重垂线、靠尺、全站仪、水准仪等工具仪器进行测量。高层建筑外墙高坠隐患可采用无人机搭载机器视觉设备的方式进行排查。

10.4.4 排查报告应包含现场调查的结果信息,包括房屋的基本信息、损坏情况以及变形情况。应根据调查结果综合分析评估房屋现状，明确安全隐患部位，并提出初步处理建议。

10.5 房屋应急检测鉴定

10.5.1 房屋应急检测鉴定适用于突发安全事件后以排险为目标的紧急检查和鉴定。

10.5.2 突发安全事件后，当房屋出现下列情况之一时，应进行应急检测鉴定：

    1 房屋出现险情，有发生严重破坏或倒塌的风险，需判断房屋危险性时。

    2 房屋出现局部坍塌或破坏，需判断残余结构的稳定性时。

    3 房屋发生险情、局部破坏或整体倒塌，需判断周围房屋发生类似灾害及次生灾害的风险时。

    4 其他需要进行应急检测鉴定的情况。

10.5.3 房屋应急检测鉴定，除应符合本标准第 3.2.2 条的规定以外，尚应包括下列内容：

    1 调查发生险情、破坏部位的结构体系及布置、连接构造等。

    2 调查结构构件破坏的范围及形态、构件损伤程度及分布、倒塌残余部分的现状等。

    3 整体及局部构件的变形测量，当怀疑结构变形未稳定时应进行变形监测。

    4 根据调查分析结果判断房屋的危险性、倒塌残余结构的稳定性等，提出应急处置建议。

10.5.4 房屋应急检测鉴定的现场调查和检测必须在确保安全的前提下进行。

10.5.5 房屋应急检测鉴定宜以总体宏观评估为主，重点检查结构体系的完整性、整体稳定性和连接构造的可靠性，以及房屋的变形趋势,分析局部结构或构件的破坏引起的结构系统的变化对整体结构承载能力的影响。

10.5.6 房屋应急检测鉴定报告应符合下列规定:

1 报告内容应包括房屋概况、安全事件概况、现场调查与检测结果、应急检测鉴定结论、附图及照片等。

2 现场调查与检测结果应全面反映现场查勘情况及房屋破坏程度和范围,并进行归纳分析。

3 应明确房屋危险部位及其在结构体系中的作用。

4 提出应急处置建议,包括架设临时支撑、监测使用、停止使用、拆除部分或全部结构等。

附录 A 建筑结构图纸复核测绘

A.1 一般规定

A.1.1 当房屋的建筑结构图纸齐全时,应根据房屋的使用现状对原始图纸进行复核,包括整体全面复核和重点部位抽样复核。当房屋的建筑结构图纸不全或房屋建筑结构图纸可信度不高时,应根据房屋的使用现状对建筑结构图纸进行现场测绘。

A.1.2 当有多幢房屋需要复核测绘时,宜绘制房屋总平面图。

A.1.3 房屋结构图纸复核与测绘应包括承重结构体系调查,主要检查结构体系、结构布置、连接构造等,明确房屋上部结构荷载的传递路径和主要结构构件的受力形式。

A.1.4 房屋结构复核测绘时,应注重不同结构类型连接节点、不同时期建造的建筑相邻部位的连接构造和连接措施,以及新旧基础的关系等的复核测绘。对主体结构复核测绘时,宜同时对非结构构件的材料类型及构造进行调查。

A.1.5 当房屋存在改、扩建时,建筑结构复核测绘图纸应对新老建筑结构加以区分表述。当存在加固时,宜绘制加固平面图和相关加固节点详图。

A.1.6 房屋完损状况检测鉴定的建筑复核测绘宜包括主要建筑平面、建筑层高、实际使用功能等内容,结构复核测绘应包括主要结构布置、构件形式以及典型构件的截面尺寸。

A.1.7 房屋安全性检测鉴定、房屋抗震能力检测鉴定的建筑复核测绘应包括建筑平面图,宜包括建筑立面图和典型剖面图;结构复核测绘应包括结构平面布置图、构件截面尺寸及配筋、基础开挖处平面及剖面图,宜增加配筋构造、节点连接构造等详图。

A. 1. 8　对于存在房屋结构和使用功能改变的建筑，应重点复核或测绘建筑结构改变部位和使用功能改变区域。

A. 1. 9　房屋质量综合检测鉴定的图纸复核测绘除应满足安全性检测的相关要求外，还应包括有特色的、有历史意义的和受保护部位的细部大样图。

A. 2　建筑和结构图纸复核

A. 2. 1　建筑和结构图纸的复核，宜根据现行国家标准《建筑结构检测技术标准》GB/T 50344 的要求进行符合性判定。

A. 2. 2　建筑图纸的复核应包括建筑主要轴网尺寸、楼层层高、建筑布局、门窗洞口尺寸、建筑功能、装饰装修和材料类型等。

A. 2. 3　结构图纸复核应包括主要结构布置、构件形式、典型构件的截面尺寸，以及可探明的典型混凝土构件配筋、节点连接构造等。

A. 2. 4　房屋出现明显的地基缺陷时，宜对典型部位的基础进行开挖复核，复核内容包括基础形式、埋深、截面尺寸等。

A. 3　建筑图纸测绘

A. 3. 1　建筑平面图测绘宜包括下列内容：

1　承重结构的轴线、轴线编号、定位尺寸和总尺寸、指北针。

2　建筑平面布置及主要空间的建筑功能。

3　主要结构和主要建筑构配件，如非承重墙、门窗（幕墙）、楼梯、电梯、中庭（及上空）、阳台等。

4　楼层主要地面标高及底层室内外地面主要标高。

5　屋面平面图宜标示出屋面采光通风天窗等构筑物。

6　有条件时，标注屋面板的坡向、坡向起终点处的板面或板底标高。

7 宜标识主要建筑设备的位置,如水池、屋面水箱等。

8 宜表达相邻建筑间的关系。

A. 3. 2 建筑立面测绘宜包括下列内容:

1 建筑两端及主要部位的轴线和编号。

2 建筑立面外轮廓(包括前后变化的轮廓)及主要结构和建筑部件的可见部分,如门窗(幕墙)、檐口(女儿墙)、台阶等。

3 楼层主要地面标高及底层室内外地面主要标高、楼层层高、建筑总高度。

A. 3. 3 建筑剖面图测绘,剖面位置应取层高、层数不同、内外空间比较复杂的部位(如中庭与邻近的楼层或错层部位)。剖面图应准确、清楚地绘制出剖到或看到的各相关部分内容,包括相邻建筑,并宜包括下列内容:

1 在底层平面标明剖切线位置及编号。

2 主要内、外承重墙、柱的轴线,轴线编号,转折剖切时转折处的轴线号。

3 主要结构和建筑构造部件,如楼面、屋顶、女儿墙、梁、柱、内外门窗、楼梯、阳台等。

4 室外地面、楼地面、屋面、高出屋面建筑物、构筑物、女儿墙等标高,建筑总高度尺寸(室外地面至建筑檐口或女儿墙顶)。

5 剖切到的结构构件和建筑构配件,可见的主要建筑、结构构配件等。

A. 3. 4 一般建筑物细部大样测绘图应包括楼、地面以及墙面等的细部构造。具有历史意义的保护性建筑和重要的建筑,除应记录楼、地面的细部构造外,还应测绘其有特色的、有历史意义的和受保护部位的细部大样。

A. 4 结构图纸测绘

A. 4. 1 结构平面布置图测绘宜包括下列内容:

1 标明构件类别、编号；定位轴线和轴线编号；梁、柱、承重墙、天桥、雨篷、柱间支撑、连系梁等平面位置及必要的定位尺寸、构件截面尺寸等。

2 混合结构中不同材质的竖向承重构件采用不同的图例加以区分。

3 楼(屋)面采用预制板时注明板的跨度方向，宜注明截面尺寸及配筋形式；现浇板应注明板厚及配筋形式。

4 屋面结构布置图应标识定位轴线、屋面板和檩条、屋架和屋面梁、天窗架、托架位置及编号、屋盖支撑系统布置及编号、开洞位置、尺寸等。

5 结构构件上有开孔、设备基础时，标示出定位尺寸、平面尺寸等。

6 砌体结构有门窗过梁、圈梁、构造柱时，注明位置、截面尺寸等。

7 设有伸缩缝、沉降缝、防震缝的建筑，标注出缝的净尺寸，必要时包括缝的构造措施。

8 构件配筋的纵向钢筋直径和数量、箍筋直径和间距及加密区长度。

9 必要的节点连接构造详图，如木搁栅搁置节点、钢结构连接节点、钢柱脚节点、牛腿节点、结构加固节点等。

A.4.2 房屋基础资料缺失或不全时应进行基础开挖测绘，绘制基础开挖处的平面或剖面详图，并标示出开挖检测位置。

A.4.3 构件详图应标明构件的材料、形式和截面尺寸，混凝土构件配筋详图上应注明构件的截面尺寸、配筋形式、配筋量、保护层厚度等数值。节点连接详图应包含构件间的详细连接构造。

附录 B 结构材料力学性能的现场检测

B. 1 一般规定

B. 1. 1 结构材料力学性能现场检测宜优先选用对结构或构件无损伤的检测方法。当选用局部破损的取样检测方法或原位检测方法时,宜选择结构构件受力较小的部位。对于优秀历史建筑,不得破坏重点保护部位。

B. 1. 2 按检测批进行检测的项目,应进行随机抽样,抽样检测的对象和部位应具有代表性。抽样数量应满足下列要求:

1 宜根据房屋的重要性、建造资料的完整情况、目前的使用状况等按现行国家标准《建筑结构检测技术标准》GB/T 50344 的要求确定抽样数量。

2 现场抽样受客观条件制约时,抽样数量可适当减少,但应满足检测批强度分析评定的要求。当不能满足时,不宜进行检测批强度评定,可进行单个构件材料强度的评定。

B. 1. 3 检测批的划分应符合下列规定:

1 宜根据结构材料的设计强度等级、龄期、检测单元的体量、层数、构件类型等划分检测批。

2 检测结果表明同一检测批材料强度离散性不符合要求时,应进一步细分检测批。细分后如离散性仍不能满足要求或导致检测批抽样数量不足,应补充检测。

B. 1. 4 现场检测工作结束后,应及时修补因检测造成的结构构件局部的损伤。修补后的结构构件,应满足安全性的要求。

B.2 混凝土材料力学性能

B.2.1 混凝土材料力学性能的现场检测主要包括混凝土抗压强度等。

B.2.2 混凝土抗压强度的检测宜采用回弹法、超声回弹综合法或钻芯法等方法进行检测,检测操作应按现行行业标准《回弹法检测混凝土抗压强度技术规程》JGJ/T 23、《钻芯法检测混凝土强度技术规程》JGJ/T 384 和现行上海市工程建设规范《结构混凝土抗压强度检测技术标准》DG/TJ 08—2020 等相应标准的规定执行。

B.2.3 当采用回弹法时,非预拌混凝土宜采用现行行业标准《回弹法检测混凝土抗压强度技术规程》JGJ/T 23 中的统一测强曲线,预拌混凝土宜采用现行上海市工程建设规范《结构混凝土抗压强度检测技术标准》DG/TJ 08—2020 中的测强曲线。

B.2.4 当采用超声回弹综合法时,预拌混凝土宜采用现行上海市工程建设规范《结构混凝土抗压强度检测技术标准》DG/TJ 08—2020 中的测强曲线,非预拌混凝土测强曲线的选用应符合相关规定。

B.2.5 高强混凝土抗压强度应按照现行行业标准《高强混凝土强度检测技术规程》JGJ/T 294 或现行上海市工程建设规范《高强混凝土抗压强度无损检测技术标准》DG/TJ 08—507 进行检测。

B.2.6 当混凝土龄期超过回弹法或超声回弹综合法的适用范围或对混凝土强度检测精度要求较高时,应对非破损检测结果进行修正,修正宜采用钻芯修正法。

B.2.7 火灾后或遭受化学侵蚀后混凝土强度的检测应以钻芯法为主,有可靠试验依据时可采用无损检测方法。

B.3 砌体材料力学性能

B.3.1 砌体材料力学性能的现场检测主要包括砌体抗压强度、

砌体抗剪强度以及砌筑块材强度、砌筑砂浆强度的检测。

B.3.2 砌体材料力学性能检测可采用间接法和直接法。当对检测结果有怀疑或检测条件与间接法的适用条件有较大差异时,应采用直接法进行修正和校核。

B.3.3 当砌体材料力学性能采用直接法检测时,砌体抗压强度可采用原位轴压法或扁顶法进行检测,砌体抗剪强度可采用原位单砖双剪法或原位双砖双剪法进行检测。相应的检测要求和数据分析应按现行国家标准《砌体工程现场检测技术标准》GB/T 50315 及现行上海市工程建设规范《既有建筑物结构检测与评定标准》DG/TJ 08—804 的规定执行。

B.3.4 当砌体材料力学性能采用间接法检测时,砌筑砂浆的抗压强度可采用贯入法、回弹法等进行检测,相应的检测方法应按现行行业标准《贯入法检测砌筑砂浆抗压强度技术规程》JGJ/T 136 及现行国家标准《砌体工程现场检测技术标准》GB/T 50315 的规定执行;符合现行上海市工程建设规范《商品砌筑砂浆现场检测技术规程》DG/TJ 08—2021 适用范围的,相应的数据分析应按现行上海市工程建设规范《商品砌筑砂浆现场检测技术规程》DG/TJ 08—2021 的规定执行。采用贯入法检测砌筑砂浆的抗压强度时,应检查灰缝的厚度、饱满度是否满足相应检测技术标准的要求。

B.3.5 当砌体材料力学性能采用间接法检测时,砌筑块材的强度可取样检测,取样位置应在窗下等受力较小的部位,取出的块材应完整无明显缺陷,可按现行国家标准《砌墙砖试验方法》GB/T 2542 和《混凝土砌块和砖试验方法》GB/T 4111 的规定进行抗压试验。对于烧结普通砖和烧结多孔砖强度,可采用回弹法检测,相应的检测要求和数据分析应按现行国家标准《砌体工程现场检测技术标准》GB/T 50315 的规定执行。

B.3.6 非烧结砖砌体强度检测和普通混凝土小砌块抗压强度的回弹法检测应符合现行行业标准《非烧结砖砌体现场检测技术规程》JGJ/T 371 的规定。

B.4 钢材及混凝土中钢筋材料力学性能

B.4.1 钢材或混凝土中钢筋材料力学性能的检测可采用取样法,也可采用化学成分分析法、表面硬度法等间接方法。

B.4.2 当钢材或钢筋的牌号未知时,以及遭受火灾或腐蚀后的钢材或钢筋材料力学性能的检测,宜采用取样法进行检测。现场取样应保证结构安全,钢材或钢筋材料的力学性能应按现行国家标准《金属材料 拉伸试验 第1部分:室温试验方法》GB/T 228.1的规定进行检测。

B.4.3 当采用化学成分分析法判别钢材的品种或推算钢材的抗拉强度时,其取样要求、钢材品种判别方法可按照现行国家标准《钢和铁化学成分测定用试样的取样和制样方法》GB/T 20066、《钢结构现场检测技术标准》GB/T 50621进行。

B.4.4 当钢材或钢筋的牌号未知时,不宜采用表面硬度法推定牌号。确需采用表面硬度法时,宜偏安全考虑。表面硬度法不得用于仲裁性检验及其他有争议检测。

B.4.5 采用表面硬度法确定钢材的强度等级宜选用里氏硬度,检测方法应符合现行国家标准《建筑结构检测技术标准》GB/T 50344的规定。测试部位应具有足够的质量和刚度;当试样尺寸较小或试样较长导致构件在测试中易发生震颤时,应更换测点位置或采取支撑措施。测试部位宜选在试样板材的交接部位;当为钢管构件时,壁厚不宜小于10 mm。

B.4.6 采用里氏硬度法推算混凝土中钢筋的抗拉强度时,检测方法应符合现行国家标准《建筑结构检测技术标准》GB/T 50344和现行上海市工程建设规范《既有建筑物结构检测与评定标准》DG/TJ 08—804的规定。选取的测试部位钢筋直径不应小于16 mm。

B.5　木材材料力学性能

B.5.1　当可明确判断出木材的树种和产地且无明显材质缺陷时，木材强度可按现行国家标准《木结构设计标准》GB 50005 中同种木材强度取值；当建造年代久远或有一定材质缺陷时，可取同种木材强度的 60%～80% 作为参考值；当木材的材质或外观与同类木材有显著差异或树种和产地判别不清时，宜取样检测木材的力学性能。

B.5.2　木材取样检测应在保证结构安全的前提下，根据房屋结构的特点和现场测试条件合理分布取样位置，取样数量不宜少于 3 个。

B.5.3　木材取样后应按现行国家标准《无疵小试样木材物理力学性质试验方法》GB/T 1927 的规定加工成试件，测试木材相应的力学性能。

B.5.4　木材材料力学性能也可按现行行业标准《木结构现场检测技术标准》JGJ/T 488 的规定进行检测。

B.6　加固材料力学性能

B.6.1　粘结材料粘合加固材与基材的正拉粘结强度应按现行国家标准《建筑结构加固工程施工质量验收规范》GB 50550 或其他相关标准的规定进行检测。

B.6.2　砌体构件外加砂浆面层抗压强度应按现行国家标准《建筑结构加固工程施工质量验收规范》GB 50550 的规定进行检测。

B.6.3　后锚固件现场抗拉拔承载力应按现行行业标准《混凝土结构后锚固技术规程》JGJ 145 或现行上海市工程建设规范《建筑锚栓抗拉拔、抗剪性能试验方法》DG/TJ 08—003 的规定进行检测。

B.6.4　水泥基灌浆料抗压强度的检测应符合相关规定。

附录 C　构件损伤的现场检测

C.1　一般规定

C.1.1　房屋构件的损伤检测主要包括结构构件和非结构构件的损伤检测。

C.1.2　外观损伤检测宜采取全数检测方案。

C.1.3　损伤检测应以目视检查为主,必要时可采用量测、无人机巡查、敲击验证、局部破损等方式辅助检测,检测时应避免对结构构件造成损伤。

C.1.4　损伤检测结果应以文字描述为主,宜采用图示、照片记录等方式结合记录,必要时可采用数字化方法辅助记录。

C.2　房屋结构构件

C.2.1　房屋结构构件的损伤检测内容及方法可根据现行上海市工程建设规范《既有建筑物结构检测与评定标准》DG/TJ 08—804 的相关条款进行。

C.2.2　混凝土构件的损伤检测包括外观缺陷检测、内部缺陷检测、可见裂缝检测、混凝土碳化深度检测和钢筋锈蚀检测等项目。

C.2.3　砌体构件的损伤检测包括裂缝、倾斜、歪闪、弓凸、碱蚀、风化、开洞、拆改等检测项目。砌体结构如出现构件开洞、拆改等情况,应明确损伤部位、范围和损伤程度。

C.2.4　钢构件损伤检测包括钢构件的涂装与腐蚀检测、焊缝外观质量检测、焊缝内部缺陷检测和螺栓(铆钉)连接检测等项目。

C.2.5　木构件的损伤检测包括木构件自身的损伤检测及木构件

连接节点的损伤检测等项目。

C.3 房屋非结构构件

C.3.1 外填充墙的损伤检测应符合下列要求：

1 外填充墙的损伤检测内容应包括外填充墙主体的损伤检测、外墙面的损伤检测、勒脚的损伤检测等。

2 外填充墙主体的损伤检测内容应包括墙身的倾斜弓凸程度检测、墙体裂缝检测以及砌筑砂浆酥松程度检测。

3 外墙面的损伤检测内容应包括外墙面空鼓、剥落、开裂及渗水状况检测以及砌块风化、勾缝砂浆的酥松程度检测。

4 勒脚的损伤检测内容应包括对勒脚的裂缝、侵蚀状况进行检测。

5 倾斜弓凸检测时,应确定倾斜弓凸的部位、程度和产生变形的墙体范围;裂缝检测时,应确定出现裂缝的位置、长度、宽度及数量;砌块风化、勾缝砂浆酥松检测时,应确定损伤的位置、范围和程度。

6 外墙面空鼓、剥落、开裂及渗水状况检测应确定损伤部位、面积及程度。

7 外填充墙由自然灾害或人为破坏等因素造成的损伤,检测时应确定自然灾害或人为破坏产生的时间,以及外墙损伤产生的原因、范围及程度。

C.3.2 房屋内部分隔墙体的损伤检测应符合下列要求:

1 内部分隔墙体的损伤检测应包括墙体的开裂、弓凸变形,粉刷层的破损以及其他环境侵蚀、灾害或人为引起的损伤等项目。

2 裂缝检测应测定裂缝的位置、裂缝长度、裂缝宽度和裂缝数量,并应对粉刷层裂缝和墙体裂缝进行明确的区分。

3 弓凸变形检测应测定变形的部位、范围和程度,并应确定变形的主体。

    4 粉刷层破损检测应测定粉刷起壳、霉变、脱落的部位、范围和程度,并应确定对墙体的影响程度。

    5 其他损伤检测应测定损伤的部位、范围和程度,并应确定引起损伤的原因。

C.3.3 屋面的损伤检测应符合下列要求:

    1 对屋面渗漏、积水情况,应测定渗漏、积水区域并确定其原因。

    2 对天沟、檐沟、泛水和变形缝等构造,应检测其损伤程度和渗漏情况。

    3 对卷材防水屋面,应检测卷材铺贴粘结情况和卷材的老化程度。

    4 对刚性防水屋面,应检测刚性防水层表面特征和分隔缝的密封情况。

    5 对涂膜防水屋面,应检测涂膜防水层的裂纹、皱褶、鼓泡和露胎体情况。

    6 对瓦屋面,应检测瓦片铺置牢固程度、搭接情况以及瓦片破损情况。

    7 对架空隔热屋面,应检测架空隔热板的破损程度和范围。

    8 对蓄水屋面和种植屋面,应检测溢水口、排水管的损坏程度。

C.3.4 室内装修的损伤检测应符合下列要求:

    1 对室内墙面,应检测饰面层的变形、开裂、空鼓和脱落情况。

    2 对楼面面层和室内地板,应检测变形、开裂、霉变、腐蚀和其他损伤情况。

    3 对顶棚饰面,应检测饰面层的变形、开裂、空鼓和脱落情况;对顶层顶棚,尚应检测渗漏霉变情况。

    4 对室内吊顶,应检测龙骨、吊杆的牢固程度以及饰面板损伤情况。

    5   对房屋门窗,应检测门窗的牢固情况、开闭情况、腐蚀损伤情况以及五金配件脱落情况;对外墙金属窗、塑钢窗、木窗,可检测防水密封性能。

    6   门窗检测每个检验批应至少抽查 10%,且不得少于 6 樘;不足 6 樘时,应全数检测。

C.3.5   室外装饰构件(GRC 构件、石膏、铝板、大理石等装饰线条和装饰板)的损伤检测应符合下列要求:

    1   对室外腰线、檐口、阳台、女儿墙等部位的装饰构件,应检查其开裂、变形、边角缺损、拼缝开裂、锚栓端头外露锈蚀、连接件锈蚀失效、脱落情况。

    2   对于已经出现开裂、锈蚀等损伤的装饰构件,宜检查其与设计的相符性,并检查连接件等采用的防腐措施。

附录 D　结构验算分析

D.1　一般规定

D.1.1　结构验算分析内容应包括荷载(作用)的计算、计算模型的选取以及结构反应的分析。

D.1.2　当采用计算机程序开展结构整体验算时,检测鉴定报告应说明所选用结构计算软件的名称及版本号。复杂结构验算宜选取两种不同的结构计算软件并对比分析验算结果。

D.1.3　结构整体验算应按照现场结构的实际情况和后续使用功能建立合理的力学模型,并应明确结构的后续工作年限。

D.1.4　不同检测鉴定类型的结构承载力验算分析应包括下列内容:

　　1　房屋安全性检测鉴定时,应包括上部结构验算分析结果和地基基础承载力验算评估结果,地基承载力验算时可考虑地基土因长期压密静承载力的提高,必要时可进行地基变形验算。

　　2　房屋抗震能力检测鉴定时,宜根据工程实际需要,按照现行上海市工程建设规范《现有建筑抗震鉴定与加固标准》DGJ 08—81的相关规定进行。对柔性连接的构件,可不计入其刚度对结构体系的影响。

　　3　房屋质量综合检测鉴定时,应分别进行结构安全性验算和抗震性能验算,并给出典型构件验算结果、地基基础的承载力验算结果、承载力不足的构件分布范围。

D.1.5　不同结构体系的结构验算与分析结果应包括下列内容:

　　1　砌体结构房屋应列出墙体构件受压承载力与荷载效应之比、构件抗震承载力与荷载效应之比、墙体高厚比等计算结果,必要时尚应列出局部受压、墙梁验算等计算结果。

2 钢筋混凝土结构房屋应列出构件计算配筋与实际配筋的比较或抗力与荷载效应比值等计算结果,抗震性能验算时尚应列出计算周期、层间位移、轴压比等分析结果。

3 钢结构房屋应列出构件强度应力比、构件整体稳定应力比、容许长细比、构件截面局部稳定等计算结果,必要时尚应列出结构变形验算、节点连接验算等计算结果。

4 屋架、搁栅、檩条等结构构件宜列出承载力及挠度计算结果,单层网壳尚应列出整体稳定验算结果。

5 对风荷载较敏感的建筑宜列出风荷载作用下弹性层间最大位移角的计算结果。

6 宜给出承载力不足的构件分布范围,并指出结构体系及连接节点存在的缺陷及安全隐患等。

D.2 荷载(作用)的确定

D.2.1 材料或构件的单位自重标准值应按现行国家标准《建筑结构荷载规范》GB 50009 的规定采用或通过现场实测确定。当对某种材料或构件的单位自重标准值有怀疑时,应通过现场实测确定。

D.2.2 活荷载应根据现行国家标准《既有建筑鉴定与加固通用规范》GB 55021 的有关要求,按现行国家标准《建筑结构荷载规范》GB 50009、《工程结构通用规范》GB 55001 的具体规定取值,并根据房屋后续工作年限对活荷载予以调整。

D.2.3 地震作用应按现行上海市工程建设规范《建筑抗震设计标准》DG/TJ 08—9 的方法确定,计算地震作用时应计入支承于结构构件的建筑构件和建筑附属机电设备的自重,水平地震影响系数的最大值以及时程分析所用地震加速度时程的最大值可参考现行上海市工程建设规范《既有建筑物结构检测与评定标准》

DG/TJ 08—804 确定,并根据后续工作年限进行调整。

D.2.4 荷载分项系数、地震作用分项系数取值应不低于原建造时的荷载规范和设计规范的规定值,并按现行国家标准《既有建筑鉴定与加固通用规范》GB 55021 和现行上海市工程建设规范《现有建筑抗震鉴定与加固标准》DGJ 08—81 的要求确定。

D.3 结构分析

D.3.1 结构分析所需的各种几何尺寸、材料性能、连接性能应根据实测结果取值。

D.3.2 结构分析中所采用的各种简化和近似假定应有理论或试验的依据,或经工程实践验证。所采用的计算简图应符合既有结构的实际工作状况和构造状况,计算结果的准确程度应符合工程精度的要求。

D.3.3 结构分析时宜考虑环境对材料、构件和结构性能的影响以及结构累积损伤的影响,包括湿度对木材性能的影响,高温对钢结构性能的影响,裂缝对钢筋混凝土构件刚度的影响,锈蚀对钢筋混凝土构件及钢构件性能的影响等。

D.3.4 建筑物存在结构变形时,应充分分析变形损伤原因及其对结构受力性能的影响。结构出现地基不均匀沉降时,应分析沉降原因及周边环境的影响因素,并考虑不均匀沉降对结构内力重分布的影响。

D.3.5 优秀历史建筑和复杂结构分析时,应充分考虑其结构的实际特点,并满足现行上海市工程建设规范《既有建筑物结构检测与评定标准》DG/TJ 08—804 的有关要求。

附录 E 房屋变形测量及结构监测

E.1 一般规定

E.1.1 房屋变形测量包括房屋结构构件和整体变形测量。

E.1.2 结构构件明显位移、变形和偏差的检查,宜采取全数检测方案。

E.1.3 现场测量时宜区分施工偏差和建筑的位移或变形。

E.1.4 当需要获取实时、多次或连续的数据时,可采取结构监测的手段。

E.2 房屋结构构件变形测量

E.2.1 房屋结构构件变形测量主要包括水平构件的挠度测量、竖向或水平构件的侧弯测量、竖向构件的垂直度测量、结构构件裂缝观测和节点的变形测量。

E.2.2 测量内容及方法可参考现行上海市工程建设规范《既有建筑物结构检测与评定标准》DG/TJ 08—804 相关条款进行。

E.3 房屋整体变形测量

E.3.1 房屋整体变形测量包括房屋不均匀沉降和倾斜测量。

E.3.2 房屋不均匀沉降和倾斜的测量方法应根据实际情况,参考现行上海市工程建设规范《既有建筑物结构检测与评定标准》DG/TJ 08—804 相关条款进行。

E.3.3 房屋不均匀沉降和倾斜测量测点布置、数据处理及相关技术标准应按现行行业标准《建筑变形测量规范》JGJ 8 的规定执行。

E.3.4 房屋不均匀沉降和倾斜测量结果可相互校核,当房屋不均匀沉降测量具有一致性时,可利用相对沉降量间接计算房屋倾斜率。

E.4 结构监测

E.4.1 结构监测包括应变监测、水平位移监测、沉降监测、裂缝监测、挠度监测和倾斜监测。

E.4.2 应变监测应符合下列规定:

1 应变监测可选用振弦式应变计、光纤类应变计、电阻应变计等应变监测元件进行监测。

2 应变计宜根据监测目的和要求、传感器技术和环境特性等进行选择。短期监测宜选用电阻应变计,长期监测宜选用振弦式应变计和光纤类应变计。对于长期处于潮湿、易腐蚀环境和高电磁干扰下的结构应变监测,宜采用光纤应变计。对于需要监测动荷载作用下的结构应变监测,宜采用电阻应变计、光纤类应变计。对于复杂结构的应变测量,建议采用三向应变计。

3 应变计量程应与量测范围相适应,应变量测的精度应为满量程的 0.5%,监测值宜控制为满量程的 30%~80%。

4 混凝土构件宜选择大标距的应变计;应变梯度较大的应力集中区域,宜选用标距较小的应变计。

5 应变计应具备温度补偿功能。

6 混凝土结构应变检测还应考虑混凝土收缩、徐变及裂缝的影响。

E.4.3 水平位移监测应符合下列规定:

1 水平位移监测点应选在建筑的墙角、柱基及其他重要位置。

2 水平位移监测仪器可选用经纬仪、全站仪、卫星定位接收仪等设备。

3 水平位移按坐标系统可分为横向水平位移、纵向水平位移和特定方向的水平位移。横向水平位移和纵向水平位移可通过监测点的坐标测量获得,特定方向的水平位移可直接测定。

4 测定特定方向的水平位移宜采用交会法、自由设站法、极坐标法、小角法、方向线偏移法、投点法、激光准直法等。

5 当监测点与基准点无法通视或距离较远时,可采用卫星导航定位测量法(GPS法)或三角、三边、边角测量与基准线法相结合的综合测量方法。

E.4.4 沉降监测应符合下列规定:

1 沉降监测应根据现场作业条件,采用水准测量、静力水准测量或三角高程测量等方法进行。

2 对同一个或同一批检测对象(房屋),应在3个以上不同的位置设置沉降基准点,基准点之间应形成闭合环。沉降基准点宜选取城市高程水准点;如无可选用城市高程水准点,则应设在房屋沉降变形影响范围以外且便于长期保存和观测的稳定位置,使用时应作稳定性检查或检验。沉降基准点的选择应满足现行行业标准《建筑变形测量规范》JGJ 8的要求。

3 沉降监测点应布置在建筑物外墙或承重柱上,沿外墙每10 m～20 m处或每隔2根～3根承重柱上,在建筑物的角点、中点、变形缝或新老建筑物连接处两侧、建筑裂缝处布设。对烟囱、水塔等高耸建(构)筑物,应沿周边与基础轴线相交的对称轴位置上对称布置,点数不少于4个。沉降监测点的布设及观测标志的制作应符合现行行业标准《建筑变形测量规范》JGJ 8的规定。

4 房屋沉降应采用水准仪或全站仪量测,量测等级、精度要求、数据处理、相对沉降的计算以及相关的技术要求应按现行行业标准《建筑变形测量规范》JGJ 8的规定执行。对于地基和上部结构沉降,观测精度不应低于三等。

5 当怀疑房屋的沉降未稳定而对房屋进行沉降监测时，监测频率应根据地基土类型和沉降速率大小而定，观测工作应持续至沉降稳定为止。

6 当考虑相邻施工对房屋的影响而对房屋进行沉降监测时，监测频率应符合下列要求：

  1）监测应在相邻施工开始前、进行中、结束后进行。

  2）相邻影响施工前应进行沉降监测点的布设和初次测量，初值应重复测量不少于2次，取其平均值作为监测初始值。

  3）相邻影响施工进行中的沉降监测频率应根据相邻工程的施工工艺和地基土的类型确定。

  4）相邻工程施工结束后，尚应继续进行沉降观测，直至沉降趋于稳定。

7 在观测过程中，如出现房屋附近地面荷载突然增减、房屋四周大量积水、长时间连续降雨等情况，应增加观测次数。当房屋沉降量突然增大、不均匀沉降或严重开裂时，应立即进行逐日连续观测。

8 沉降是否稳定的判断标准应符合下列要求：

  1）当怀疑房屋的沉降未稳定而对房屋进行沉降监测时，可按现行上海市工程建设规范《地基基础设计标准》DGJ 08—11的要求确定。

  2）当考虑相邻施工对房屋的影响而对房屋进行沉降监测时，可按现行行业标准《建筑变形测量规范》JGJ 8的要求确定。

E.4.5 裂缝监测应符合下列规定：

1 裂缝监测内容包括裂缝位置、走向、长度、宽度、深度。

2 对需要监测的裂缝应统一编号。每次观测时，应绘出裂缝的位置、形态和监测量值，注明监测日期，并拍摄裂缝照片。

3 裂缝监测可采用下列方法：

1）裂缝宽度监测：当采用人工监测时，可在裂缝两侧贴、埋标志，采用刻度显微镜、裂缝测宽仪等进行测读；当采用在线监测时，可采用振弦式测缝计、应变式裂缝计或光纤类位移计等裂缝监测传感器，布置在裂缝最宽处，传感器的量程应大于裂缝的预警宽度，测量方向与裂缝走向垂直。

2）裂缝长度监测宜采用直接量测法，可采用钢尺进行测量。

3）裂缝深度监测宜采用超声波法、凿出法、钻芯法等，观测位置宜选在裂缝最宽处。

4 裂缝宽度量测精度不宜低于 0.1 mm，裂缝长度和深度量测精度不宜低于 1.0 mm。

5 已发生开裂结构，宜监测裂缝的宽度变化；尚未开裂结构，宜监测结构的应变变化。监测过程中结构发生开裂，应及时在开裂位置设监测点。

6 裂缝监测频率应根据裂缝变化速率确定；当发现裂缝变化速率加快时，应提高监测频率。

E.4.6 挠度监测应符合下列规定：

1 挠度监测应根据现场作业条件，采用水准测量、静力水准测量或三角高程测量等方法进行。

2 挠度监测点位应选在水平构件的支座、跨中部位；如为大跨结构，其跨间监测点间距不宜大于 30 m，且不少于 5 个点。长悬臂结构的监测点位应选在支座及悬挑端点，监测点间距不宜大于 10 m。

3 挠度监测频率应根据结构荷载情况、挠度变化速率确定。观测精度可采用二等或三等。

E.4.7 倾斜监测应符合下列规定：

1 倾斜监测应根据现场监测条件和要求，选用投点法、前方交会法、吊垂线法、激光铅直仪观测法、电子倾斜仪等方法。重要建筑物或构件的倾斜监测宜采用倾斜传感器,倾斜传感器可根据监测要求选用固定式或便携式。

    2   倾斜监测点的布置应符合下列要求:

        1)当测量房屋顶部相对于底部的倾斜时,应沿同一竖直线分别布设顶部监测点和底部监测点;中间也可增加监测点。

        2)当测量局部倾斜时,应沿同一竖直线分别布设所测范围的上部监测点和下部监测点。

        3)倾斜监测点应布设在建筑物外墙角点、承重柱、变形缝两侧及其他有代表性的部位。

    3   倾斜监测点的标志布置应符合下列要求:

        1)建筑顶部的监测点标志,宜采用固定的视牌和棱镜;墙体上的监测点标志,可采用埋入式照准标志或粘贴反射片标志。

        2)对不便埋设标志的塔形、圆形建筑以及竖直构件,可粘贴反射片标志,也可照准视线所切同高边缘确定的位置或利用符合位置与照准要求的建筑特征部位。

    4   倾斜监测频率应根据建筑物目前倾斜程度及倾斜变化率制定。在相邻施工影响房屋损坏趋势检测鉴定中,倾斜监测和沉降监测工作宜同步开展。

本标准用词说明

1　为便于在执行本标准条文时区别对待,对要求严格程度不同的用词说明如下:

1）表示很严格,非这样做不可的用词:

正面词采用"必须";

反面词采用"严禁"。

2）表示严格,在正常情况下均应这样做的用词:

正面词采用"应";

反面词采用"不应"或"不得"。

3）表示允许稍有选择,在条件许可时首先应这样做的用词:

正面词采用"宜";

反面词采用"不宜"。

4）表示有选择,在一定条件下可以这样做的用词,采用"可"。

2　条文中指明应按其他有关标准、规范执行时,写法为"应符合……的规定"或"应按……执行"。

引用标准名录

1 《金属材料 拉伸试验 第1部分:室温试验方法》
  GB/T 228.1
2 《无疵小试样木材物理力学性质试验方法》GB/T 1927
3 《砌墙砖试验方法》GB/T 2542
4 《混凝土砌块和砖试验方法》GB/T 4111
5 《钢和铁 化学成分测定用试样的取样和制样方法》
  GB/T 20066
6 《木结构设计标准》GB 50005
7 《建筑结构荷载规范》GB 50009
8 《建筑抗震设计规范》GB 50011
9 《建筑工程抗震设防分类标准》GB 50223
10 《砌体工程现场检测技术标准》GB/T 50315
11 《建筑结构检测技术标准》GB/T 50344
12 《建筑节能工程施工质量验收标准》GB 50411
13 《建筑结构加固工程施工质量验收规范》GB 50550
14 《钢结构现场检测技术标准》GB/T 50621
15 《工程结构通用规范》GB 55001
16 《建筑与市政工程抗震通用规范》GB 55002
17 《既有建筑维护与改造通用规范》GB 55022
18 《外墙保温用锚栓》JG/T 366
19 《建筑变形测量规范》JGJ 8
20 《回弹法检测混凝土抗压强度技术规程》JGJ/T 23
21 《建筑工程饰面砖粘结强度检验标准》JGJ/T 110
22 《危险房屋鉴定标准》JGJ 125

23 《贯入法检测砌筑砂浆抗压强度技术规程》JGJ/T 136

24 《混凝土结构后锚固技术规程》JGJ 145

25 《红外热像法检测建筑外墙饰面粘结质量技术规程》
JGJ/T 277

26 《高强混凝土强度检测技术规程》JGJ/T 294

27 《建筑防水工程现场检测技术规范》JGJ/T 299

28 《农村住房危险性鉴定标准》JGJ/T 363

29 《非烧结砖砌体现场检测技术规程》JGJ/T 371

30 《钻芯法检测混凝土强度技术规程》JGJ/T 384

31 《木结构现场检测技术标准》JGJ/T 488

32 《建筑锚栓抗拉拔、抗剪性能试验方法》DG/TJ 08—003

33 《建筑抗震设计标准》DG/TJ 08—9

34 《地基基础设计标准》DGJ 08—11

35 《现有建筑抗震鉴定与加固标准》DGJ 08—81

36 《建筑节能工程施工质量验收规程》DGJ 08—113

37 《高强混凝土抗压强度无损检测技术标准》
DG/TJ 08—507

38 《既有建筑物结构检测与评定标准》DG/TJ 08—804

39 《基坑工程施工监测规程》DGJ 08—2001

40 《结构混凝土抗压强度检测技术标准》DG/TJ 08—2020

41 《商品砌筑砂浆现场检测技术规程》DG/TJ 08—2021

42 《建筑围护结构节能现场检测技术标准》DG/TJ 08—2038

43 《优秀历史建筑抗震鉴定与加固标准》DG/TJ 08—2403

标准上一版编制单位及人员信息

DG/TJ 08—79—2008

主 编 单 位：上海市房地产科学研究院
　　　　　　上海市房屋检测中心
参 编 单 位：同济大学
　　　　　　上海市建筑科学研究院
　　　　　　中冶集团建筑研究总院华东分院
主要起草人：赵为民　陆锦标　李宜宏　顾祥林　朱春明
　　　　　　姜迎秋　郭　强　李占鸿　陈小杰　蔡乐刚
　　　　　　陈海斌　周　俊　吴玉峰

上海市工程建设规范

房屋质量检测鉴定标准

DG/TJ 08—79—2024
J 11208—2024

条 文 说 明

2024 上海

目　次

Contents

1 总 则

1.0.1 本条是编制本标准的目的。房屋在使用一段时间后,需要对其性能进行及时地检测和鉴定,只有在全面了解房屋在安全性、适用性和耐久性等方面存在的问题后,才能采取有针对性的处置措施——继续正常使用、修缮、改造等。为了使房屋质量检测鉴定工作有统一的程序、方法,有章可循,制定本标准。

1.0.2 优秀历史建筑、保留历史建筑的检测鉴定,除应遵守本标准外,尚应符合《上海市历史风貌区和优秀历史建筑保护条例》及其他有关法规的规定。

3 基本规定

3.1 一般规定

3.1.1 对于设计文件未载明设计工作年限或者无法查询设计文件的房屋,按《上海市房屋使用安全管理办法》的相关要求执行。

3.1.2 房屋质量检测鉴定分类有很多划分标准,容易交叉和重叠,本次修订在原版本基础上,结合本市近十多年来开展的主要检测类型,将房屋结构和使用功能改变检测类型删除,新增了危险房屋检测鉴定、房屋专项检测鉴定(包括外墙面专项检测、承重结构损坏及修复检测鉴定、拟加装电梯房屋专项检测、房屋使用安全隐患排查、房屋应急检测鉴定),修订后检测鉴定类型更贴近实际项目,更为实用,可操作性更强。

3.1.3 检测鉴定一般以幢为单位或以相对独立的结构单元为单位。

3.1.4 耐久性检测与评定的相关现行标准主要有《混凝土结构耐久性评定标准》CECS 220、《混凝土耐久性检验评定标准》JGJ/T 193、《民用建筑可靠性鉴定标准》GB 50292、《工业建筑可靠性鉴定标准》GB 50144、《既有混凝土结构耐久性评定标准》GB/T 51355、《既有建筑物结构检测与评定标准》DG/TJ 08—804 等。

4 房屋完损状况检测鉴定

4.0.1 本条明确了房屋完损状况检测鉴定的适用范围。需要特别指出的是,对于需要确定房屋主体结构安全状态的情况应根据本标准第 6 章的内容进行检测鉴定,不可采用本章进行替代,但在完损检测中应对可能影响房屋结构安全的隐患损伤进行甄别,并给出有针对性的处理建议。

4.0.3 对房屋建筑装饰部分的现场检测应包括屋面、外立面、室内装饰、门窗、其他非结构构件及建筑构造,对结构部分的现场检测应包括地基基础和上部结构,对设施设备的现场检测应包括给排水设施设备、电气设施设备、暖通设施设备等。对房屋受损原因的分析主要从"内因"和"外因"两方面入手,内因包括房屋自身存在的各种缺陷、自然老化和历史使用影响,外因包括周边相邻工程施工、道路交通振动、各类突发灾害事件等。房屋完损等级评定可按照《房屋完损等级评定标准》的要求进行。

4.0.4 委托方采取的处理措施包括直接修复、开展房屋安全性检测鉴定或危险房屋检测鉴定等。

5 房屋损坏趋势检测鉴定

5.0.2 初始检测发生在影响源尚未实施不利影响前,以采集建筑物初始状态、为优化施工设计方案提供技术依据为目的;损坏趋势监测发生在影响源正在实施不利影响期间,通过采集监测数据来掌握受检房屋的损坏发展变化趋势;复测发生在影响源的不利影响完全结束且目标建筑物的受损变化趋势基本稳定之后,为最终确定目标建筑物的受影响程度和安全状态以及为后续的处置措施提供技术依据。为保证检测、监测数据的连续性,尽可能减小采集数据的误差,初始检测、损坏趋势监测、复测的全过程最好由同一家检测鉴定机构实施,并固定现场技术人员和仪器设备。

5.0.4 房屋损坏趋势检测鉴定中,影响范围内的环境指的是受检房屋四周的室外明沟、台阶、坡道,以及房屋周边的室外地坪、道路、围墙、绿化等附属物。

5.0.5~5.0.9 房屋损坏趋势检测鉴定需调查的工程概况包括但不限于工程规模、结构形式、基坑范围(盾构走向)、开挖深度(钻孔深度)、施工方法及工艺等。涉及居民住宅,如需入户检查,检查户数不宜少于总户数的 30%。

　　房屋监测参数的报警值应根据房屋的结构特点、完损程度、重要性及影响源特点等因素,结合工程实际情况和现行上海市工程建设规范《基坑工程施工监测规程》DG/TJ 08—2001 确定。对有特殊要求需要监测水平位移的房屋,还应加布水平位移监测点。

　　要求房屋损坏趋势检测鉴定复测在影响源作用消除之后进行,影响源作用消除指影响源主要的影响阶段已结束,如相邻工程结构封顶等。

6 房屋安全性检测鉴定

6.0.1 房屋安全性检测鉴定是房屋可靠性检测鉴定(安全性、适用性和耐久性)的一部分。房屋安全检测鉴定是对房屋在正常使用情况下安全性作出的判定。正常使用情况是指结构只承受永久荷载和可变荷载基本组合作用,不含地震等自然灾害可能对房屋造成的危害因素。

6.0.3 结构上的荷载或作用调查包括楼地面、墙面、顶棚等建筑构造做法,以及设备重量等调查。地基基础的安全状态不应仅仅根据地基变形这一个指标评定,还应同时考虑上部结构损伤情况。对于基础设计图纸齐全的情况,基础状态的安全性需结合承载力验算综合评估。

6.0.7 房屋安全性的综合评定,可以参照相关可靠性鉴定标准的有关规定进行评定。安全性评定可以遵循的有关标准包括:现行国家标准《既有建筑鉴定与加固通用规范》GB 55021、《民用建筑可靠性鉴定标准》GB 50292、《工业建筑可靠性鉴定标准》GB 50144 以及现行上海市工程建设规范《既有建筑物结构检测与评定标准》DG/TJ 08—804、《钢结构检测与鉴定技术规程》DG/TJ 08—2011 等。应根据房屋属性、检测目的选择适用标准。

6.0.8 对于经正规设计、施工且图纸齐全,在使用期间未经历灾害或不规范改造,现状无严重结构性损伤的房屋,必要时可以仅对局部结构进行安全性检测鉴定。局部结构安全性检测鉴定,除对委托检测鉴定范围内的结构构件进行调查、检测外,尚应根据房屋结构体系的关联性,对委托检测鉴定范围外的其他结构单元进行适当的调查、查勘。

对于无原设计施工图纸的房屋,原则上应进行整体安全性鉴定;确需进行局部结构安全性鉴定时,需结合房屋建造年代、结构体系、使用功能、改扩建情况、损伤情况等,综合评判局部鉴定风险、鉴定工作是否可实施。此类房屋若开展局部结构安全性检测鉴定,除对委托检测鉴定范围内的结构构件进行调查、检测、测绘外,尚应根据房屋结构体系的关联性,对委托检测鉴定范围外的其他结构单元及相关楼层进行调查、查勘、检测、测绘。若检测鉴定开展过程中发现存在结构体系不合理、较严重结构性损伤、不规范改造、使用荷载增加、使用期间经历灾害等情况,需开展整体安全性检测鉴定。

在调查、查勘、检测、测绘中若发现存在结构安全隐患,应扩大检测鉴定范围。在对局部结构承载力进行验算分析时,应按委托鉴定区域的结构和周边及下部受影响区域的结构建立计算模型,或按照房屋整幢建立计算模型;结构构件的承载力复核范围应包括被鉴定区域及其影响区域。局部安全性检测鉴定报告仅对委托鉴定范围出具鉴定结论,明确鉴定范围内的结构构件安全状况,不应对整幢房屋的安全性进行评定。

7 房屋抗震能力检测鉴定

7.0.4,7.0.5 抗震设防烈度和抗震设防类别的确定除了满足相关现行标准、规范的要求外,尚应满足相关管理条例的要求,如《建设工程抗震管理条例》(国务院令第 744 号)等。

7.0.6 房屋改造后原有结构形式和未来使用荷载都会发生变化,因此,必须清楚地了解房屋改造方案和未来使用情况,以便正确评定房屋抗震能力。

7.0.7,7.0.8 对结构是否发生改动、使用功能是否发生改变的房屋抗震能力鉴定分别给出具体要求,其中使用功能改变主要是指上部结构活荷载增加的情况。对于结构不发生改动,且使用功能改变导致上部结构活荷载不变或降低的情况,可按照本标准第 7.0.7 条进行鉴定。

房屋结构拟发生改动或使用功能发生改变,但尚未达到本标准第 7.0.8 条的情况时,原结构抗震能力评定可根据本标准第 7.0.3 条检测和第 7.0.6 条调查所获得的信息及后续工作年限,按现行国家标准《既有建筑鉴定与加固通用规范》GB 55021、《既有建筑维护与改造通用规范》GB 55022 和现行上海市工程建设规范《现有建筑抗震鉴定与加固标准》DGJ 08—81 的要求执行,新增结构构件应满足现行上海市工程建设规范《建筑抗震设计标准》DG/TJ 08—9 的抗震措施要求。

8 危险房屋检测鉴定

8.0.1　本条提出了进行危房鉴定的适用场景——房屋承重结构发生严重损坏可能危及安全使用或其他需要判断房屋主体结构是否出现危险的情况。在不怀疑房屋主体结构有危险时,宜优先对房屋进行安全性检测鉴定。

9 房屋质量综合检测鉴定

9.0.1 房屋质量综合检测鉴定内容全面,除了检测鉴定外,还包括恢复建立和完善房屋图纸档案等内容。优秀历史建筑检测要求比较高,房屋相应的档案资料缺失较严重,规定优秀历史建筑房屋质量综合检测鉴定必须执行本条规定。对于涉及公共安全的重要公共建筑或者委托方有明确要求的,也可采用本条规定。

9.0.3 对于房屋质量综合检测鉴定,除应满足本标准第3.2.2条对一般检测鉴定的基本要求以外,在检测鉴定内容和深度上有更高的要求,如采用三维数字化技术进行测绘,并绘制特色部位详图。与传统测绘方法相比,三维数字化技术具有现场检测数据信息丰富、测量精度高、现场工作效率高等显著优点。近年来,随着三维激光扫描、摄影测量、无人机等相关技术的快速发展和设备成本下降,三维数字化测绘技术在房屋质量检测鉴定领域的应用已具备推广应用条件。此外,微波湿度检测技术、钻入阻抗法或超声波检测技术等也逐渐在房屋质量综合检测鉴定中得到应用。潮湿病害原因检测可采用微波湿度检测技术进行分析;木材缺陷检测可采用钻入阻抗法、超声波法等方法配合完成。

9.0.5 优秀历史建筑图纸复核、测绘主要以非破损检测为主,同时宜采用先进的三维数字检测技术、检测设备等完成图纸复核测绘工作,如三维激光扫描技术、摄影测量技术、高清内窥镜检测技术等。

9.0.7 本条强调建筑的实际状态是结构安全性和抗震能力评定的重要依据,评定结果不仅要有理论依据也要符合建筑实际使用状态。当评定结果与实际使用状态明显不符时,需要对评定结果进行复核验证。

10 房屋专项检测鉴定

10.1 外墙面专项检测

10.1.1 考虑上海市外墙管理的实际情况,本标准规定的外墙面专项检测仅包括外墙饰面以及外保温系统的检测和评定,不包括户外广告招牌和建筑幕墙的检测鉴定。检测评定的目的在于发现外墙高坠隐患,通过空鼓定量检测、构造检测、粘结强度检测等手段判断高坠隐患的原因,并给出相关处理建议。

10.1.5 红外热像法检测外墙饰面层粘结缺陷技术属于无损检测,其重要的特点是能远距离测量物体表面辐射温度。该方法具有非接触、远距离、实时、快速、全场测量等优点,在这些方面其他的检测方法是无法与之相比的。红外热像法的检测原理是由于钢筋混凝土墙体及黏土砖墙体有很大的热容量,当外墙的表面温度比墙主体温度高时,热量就从外墙表面往墙主体的方向传递;当外墙的表面温度比墙主体温度低时,热量就从墙主体往外墙表面的方向传递。相对于主墙体材料来说,密闭的空气层是热的不良导体,如果墙体饰面层之间或与主墙体之间有粘结缺陷,形成脱粘空鼓(图1),则外墙饰面层与主墙体之间的热传导变小;当外墙外表面通过日照热辐射或通过热传导从外部升温的空气中吸收热量时,有脱粘空鼓的部位其温度变化比正常情况大。

红外热像法检测就是基于这种原理使用红外线拍摄装置检查建筑物外墙砂浆、面砖等饰面空鼓部分与正常部分因热传导差异引起的温度差,从而判断饰面层空鼓部位及空鼓程度的一种方法。使用红外热成像检测时,被检测建筑外墙的热辐射或环境温度应处于快速升高或降低的时段。通常,当外墙表面的温度升高

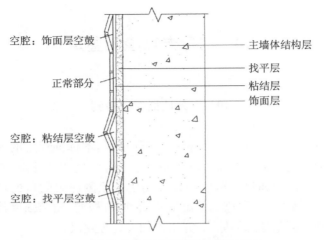

图 1 建筑外墙饰面层脱粘空鼓示意图

时,空鼓部位的温度比正常部位的温度高;相反,外墙表面温度下降时,空鼓部位的温度比正常部位的温度低。而室外温度在一天中会经历先升高后降低的过程,因此,为了保证提取的温度异常是由区域间温升不均匀引起的,避免经历室外温度下降过程所可能导致的检测结果异常,根据试验结果结合现行规范规定,建议在上海地区东、南、西、北四个立面的适宜检测时段分别为 8:00—9:00、9:30—15:30、15:00—16:00、11:00—13:00。采用红外热像法检测饰面层空鼓时,应注意饰面构造对检测结果的影响。如点粘法或条粘法施工的面砖饰面,以及干挂石材饰面,在施工时就已经使饰面层和墙体之间形成了空腔,就不适合采用红外热像法检测。适用于外墙面空鼓状况检测的红外热像法检测标准还包括现行中国工程建设标准化协会标准《红外热像法检测建筑外墙饰面层粘结缺陷技术规程》CECS 204。

10.2　承重结构损坏及修复检测鉴定

10.2.5,10.2.6 确因生活必须在承重墙或楼板上局部少量开孔开槽且未破坏受力钢筋的行为,经检测鉴定对承重构件的安全性不造成明显影响且未影响他人时,可不予原样修复。

10.3　拟加装电梯房屋专项检测

10.3.1 加装电梯设计前对房屋进行专项检测的主要目的是分析房屋单元主体结构加装电梯的可行性,为加装电梯设计提供可靠的技术依据。

10.3.2 原房屋的基础直接影响加装电梯设计,现场检测应对原房屋基础进行检测,并应附相应照片。开挖部位的基础原则上应与加装电梯处基础的主要参数一致,若确因现场条件限制,只能在相邻区域而不能在加装电梯区域开挖基础时,应说明原因并附照片等相关证明,且注明施工时应进行复核。

　　房屋完损状况的调查主要包括墙体开裂、风化、混凝土构件钢筋锈蚀、保护层剥落、承重构件变形、外墙饰面层空鼓开裂等,并提供典型损伤位置的相关照片;对房屋其他部位外立面的完损状况也应进行调查,当存在较明显的结构性裂缝时,应在报告中描述裂缝状况,绘制房屋立面裂缝示意图和相关照片,分析裂缝产生的原因。

10.4　房屋使用安全隐患排查

10.4.1 本条指出房屋安全隐患排查的适用范围。排查的应用场景通常是由于房屋安全管理需求,需要快速、初步的了解大量房屋的安全状况的情形。排查范围可以是区域内全部建筑,也可以是经过初步筛查后存在疑似安全隐患的重点关注建筑。排查单位应通过现场信息调查、完损检测、变形测量等手段判断房屋的安全现状，并给出初步结论与建议。排查工作一般由房屋质量检测鉴定单位进行，房屋安全隐患排查不能代替房屋安全检测鉴定。

10.4.4 综合分析房屋现状时，如需要对房屋现状进行分级，可以根据委托要求，参照国家现行相关检测鉴定标准，对房屋的现状进行分级，也可根据房屋的完损情况将房屋划分为完好或基本完好房、一般损坏房、严重损坏房、疑似危房四类。

一般损坏房为房屋结构体系不尽合理，承重构件存在开裂、变形等损坏，但结构损坏的范围较小和程度较轻，基本不影响房屋承重构件的承载力。

严重损坏房为结构体系不合理，承重构件存在严重的开裂、变形等损坏，结构损坏的范围较大和程度较重，或者进行了较大的结构改动或承重构件截面已有削弱。损坏情况处于一般损坏和严重损坏之间的允许评为局部严重损坏。

疑似危房为房屋主要承重结构已经严重损坏，结构构件承载力的严重削弱或严重变形而形成危险构件，结构构件节点构造连接的严重削弱或可能导致失去稳定性，有可能造成房屋局部坍塌或整体垮塌等严重后果的房屋。但由于时间紧迫、排查信息不充分，仅靠排查无法判断是否构成局部危房或者整幢危房，尚需进行专业检测。

一般情况下，建议将不能确定房屋安全状况的严重损坏房和疑似危房列为排查后需要进行安全性检测鉴定的房屋。

10.5　房屋应急检测鉴定

10.5.1 近年来，由于各类自身或外界因素导致的民用建筑安全事件层出不穷，严重的甚至发生房屋整体或局部倒塌，引发全社会高度关注。突发灾害发生后,需对房屋进行应急检测鉴定,快速判断房屋危险性及发生次生灾害的风险性,为相关部门采取应急措施提供技术依据。房屋应急检测鉴定是一项技术难度较高的工作,与常规的鉴定有相同点,但也有较大的差异,如现场勘查检测的要求、不同事件原因与不同结构型式应重点调查的内容、结论的出具等。其他如房屋外墙面或雨篷等发生脱落后,也可能需要进行应急检测鉴定。

10.5.4　本条为应急鉴定现场工作的最基本要求。无法保证安全时,检测鉴定人员不得进入现场。当有条件时,应采用非人员直接接触的方式进行建筑安全状态的确认,如采用机器视觉设备等。建议采用对结构扰动较小的检测设备,目的是减少检测或勘验对结构的影响,以免造成新的损害。

10.5.5　为突出应急鉴定的时效性,强调应急鉴定以总体宏观鉴定为主,重点是对结构体系、连接构造、破坏状态等进行检查,并通过对结构体系冗余度的分析、损伤和变形的状态以及鉴定人员的专业能力进行综合分析评估。当发生局部结构或构件的破坏时,剩余结构的约束条件发生较大变化,产生内力重分布,故应重点分析结构系统的变化对整体结构受力性能的影响。

10.5.6　架设临时支撑适用于房屋仅局部受到一定影响、未发现整体危险迹象,经对局部采取临时支撑措施后能在短期内安全使用的房屋。监测使用是指房屋受安全事件的影响较小、尚未发现明显危险迹象,采取人工监测或自动化监测措施后观察使用。停止使用适用于房屋整体有一定危险迹象,但暂时不便采取技术措施,且不危及相邻建筑和影响他人安全的房屋。拆除部分或全部结构适用于房屋局部或整体危险且无修缮价值,需立即拆除的房屋。

附录 A　建筑结构图纸复核测绘

A. 1　一般规定

A. 1. 4　房屋结构复核测绘时,应注重框架结构中主要节点连接构造,尤其是装配整体结构的节点连接,以及填充墙与框架的连接构造等;屋架支承节点的构造;混合结构中水平构件与竖向构件的连接方式;加层或插层结构中新增构件与原结构的连接方式等。

A. 1. 7　房屋安全性检测鉴定、房屋抗震能力检测鉴定的建筑结构复核测绘还应注意突出屋面的非结构构件和伸出墙面的装饰件、外挂件及其和主体结构的连接。

A. 3　建筑图纸测绘

A. 3. 3　无地下室时,剖面图绘制至室外以下剖切到的外墙体和梁,基础部分可不表示;有地下室时,剖面图绘制至地下室底板。

附录 B　结构材料力学性能的现场检测

B.1　一般规定

B.1.2　既有房屋材性检测往往受现场条件的制约而不能大量抽样,对于建造资料完整的房屋,只需要进行验证性检测,材料抽样数量不必过多。根据贝叶斯原理,当少量抽样检测结果能够验证建造资料的真实性和可靠性时,可以充分利用原有建造资料;当验证不符合时,应加大抽样比例。历史上每个年代的结构材料均有其时代特征,材料强度有大致经验范围,当少量抽样检测结果符合经验判断时,抽样数量也可适当减少。

总体上,对于一般建筑建造资料完整且不怀疑其可靠性时进行的复核性检测,可按照现行国家标准《建筑结构检测技术标准》GB/T 50344 检测类别 A 确定抽样数量;房屋的重要性较高、设计图纸资料不完整、怀疑建造资料的可靠性或使用状况较差时,宜按照检测类别 B 确定抽样数量;委托方有更高要求时,可按检测类别 C 确定抽样数量。

现场检测条件受限时的检测批最小抽样数量和适宜数量可参考表 1 取值。现场检测条件的限制一般包括建筑有特殊使用功能、建筑正在运营不允许中断、存在检测安全风险等。

表 1　材性检测检测批抽样数量

材料种类	检测方法	检测批抽样数量	
		最小数量	适宜数量
混凝土	回弹法、超声回弹综合法	10	10～30
	回弹-钻芯修正法	3(芯样数量)	6～10
	钻芯法	6	10～15

续表1

材料种类	检测方法	检测批抽样数量	
		最小数量	适宜数量
钢筋/钢材	里氏硬度法	3	6
	取样检测法	2	3
砂浆	贯入法、回弹法	6	10~15
烧结砖	回弹法	6	10~15
砌体(抗压/抗剪)	原位轴压法、原位双剪法	3	6

注：1. 当检测批构件数量少于表中最小数量时，混凝土或砌体(砖、砂浆)材料强度
抽样检测数量可适当减少，但不应少于3个。
2. 本表不适用于仲裁及其他有争议检测。

当采用无损检测方法时，抽样宜选取主要受力构件进行检测，不宜集中在个别楼层或局部区域。当由于现场条件的制约导致取样数量偏少或代表性较差时，报告中应说明情况，并在具备条件时进行补充检测。

B.1.3 对检验批进行划分时，可参考下述原则：

1 同一检测批的材料应满足强度等级相同、龄期相近、工艺相同的基本条件。

2 当检测单元体量较小(不大于3 000 m²)且使用状况良好时，可将设计强度等级相同、龄期相近的所有楼层合并为一个检测批。

3 当检测单元体量中等(大于3 000 m²且不大于10 000 m²)且使用状况良好时，可将设计强度等级相同、龄期相近的相邻2个～3个楼层合并为一个检测批，其中底层宜单独划分为一个检测批；体量较大(大于10 000 m²)的高层建筑使用状况良好时，也可按此款划分检验批。

4 当多层建筑检测单元体量较大(大于10 000 m²)或使用状况较差时，宜按照楼层划分检测批。

5 检测批划分时尚宜区分竖向承重构件和水平承重构件。

设计强度等级未知时,可根据检测单元的体量、使用状况按上述原则初步划分检测批,根据初步检测结果分析其离散性后对检测批作进一步划分。主要结构材料的材性检测标准中对检测批的标准差或变异系数有相应的要求,应根据相关要求对离散性进行检查。

B.2 混凝土材料力学性能

B.2.2 适用于检测混凝土抗压强度的超声回弹综合法检测标准还包括现行中国工程建设标准化协会标准《超声回弹综合法检测混凝土抗压强度技术规程》T/CECS 02。

B.2.3、B.2.4 现行上海市工程建设规范《结构混凝土抗压强度检测技术标准》DG/TJ 08—2020 中的回弹法和超声回弹法测强曲线仅适用于上海地区预拌混凝土,主要用于近年来建造的较新混凝土结构。非预拌混凝土宜采用现行中国工程建设标准化协会标准《超声回弹综合法检测混凝土抗压强度技术规程》T/CECS 02 中的测强曲线。

B.2.5 现行行业标准《高强混凝土强度检测技术规程》JGJ/T 294 适用于龄期不超过 900 d、强度范围为 C50～C100 的混凝土。现行上海市工程建设规范《高强混凝土抗压强度无损检测技术标准》DG/TJ 08—507 适用于龄期 14 d～600 d、强度范围为 C50～C90 的混凝土。

B.2.6 关于老旧混凝土强度的龄期修正方法,现行国家标准《混凝土结构加固设计规范》GB 50367 中对其适用范围有明确的限制,仅用于原构件截面过小、原构件混凝土有缺陷、原构件内部钢筋过密、取芯操作风险过大等无法取芯的情况,且仅用于结构加固设计。现行国家标准《民用建筑可靠性鉴定标准》GB 50292 中也有类似限制。这一方法准确性差,不宜推广使用,只有在确实无法取芯时才能采用,尤其不能用于混凝土强度的合格评定。

B.4 钢材及混凝土中钢筋材料力学性能

B.4.3 现行国家标准《钢结构现场检测技术标准》GB/T 50621 的条文说明中给出了钢材化学成分与钢材抗拉强度之间的回归公式,可大致了解钢材的强度范围。

B.4.4 表面硬度法受钢材品种、现场检测操作、仪器精度、多次换算等多种因素的影响,检测结果的精度较低。如果已知钢材牌号,可以用这种方法进行复核。如果钢材牌号未知且检测结果又处在两种牌号强度的交叉区间,往往很难判断其牌号,从安全的角度出发宜按较低的取值。如果结构验算承载力不足,则应通过取样来验证实际的钢材牌号。通过表面硬度法所得强度为换算抗拉强度,只能用于确定钢材牌号,不能直接用于结构验算。由于该方法精度低,当有争议时,不可采用该方法。

B.4.5 现行国家标准《建筑结构检测技术标准》GB/T 50344 附录中给出了里氏硬度法检测钢筋抗拉强度的具体检测操作要求及推定方法,应参照执行。从实践操作经验看,里氏硬度值受试件刚度影响较大,当刚度不足时,由于板件震颤导致硬度值降低,影响检测结果,因此对测试部位和板件厚度应有要求。

B.4.6 从实践操作经验看,当选取的钢筋直径较小时,冲击头位置难以满足现行国家标准《金属材料 里氏硬度试验 第1部分:试验方法》GB/T 17394.1 中的要求,导致里氏硬度值的离散性偏大,影响检测结果。

B.6 加固材料力学性能

B.6.1 碳纤维片材加固混凝土结构正拉粘结强度也可按现行中国工程建设标准化协会标准《碳纤维增强复合材料加固混凝土结构技术规程》T/CECS 146 的规定进行检测。

B. 6. 4 水泥基灌浆料抗压强度可按现行中国工程建设标准化协会标准《回弹法检测水泥基灌浆材料抗压强度技术规程》T/CECS 801 的规定进行检测。

附录 C 构件损伤的现场检测

C.1 一般规定

C.1.1 本附录根据现场检测多年的经验,规定了房屋结构构件和非结构构件损伤的现场检测相关要求,包括检测的主要内容、主要部位、主要方法、范围、程度和确定引起损伤的原因,及其记录和表达损伤的方式。其中,房屋结构构件的损伤检测内容及方法与现行上海市工程建设规范《既有建筑物结构检测与评定标准》DG/TJ 08—804 相关条款基本一致,可参考其条文进行,本附录不再列出。房屋非结构构件损伤的现场检测内容及方法在《既有建筑物结构检测与评定标准》DG/TJ 08—804 中没有相关条款,本附录 C.3 对此进行了规定。

C.1.4 由于损伤检测文字记录在一些情况下无法清楚表达,因此损伤检测的记录宜采用文字结合照片和图形的方式进行。

C.2 房屋结构构件

C.2.2 混凝土构件的损伤检测:

    1 混凝土结构损伤检测的内容可根据实际结构的具体情况确定。

    2 混凝土结构的开裂、碳化深度、钢筋锈蚀状况的检测是混凝土结构的必检项目。

C.2.3 砌体结构的裂缝、倾斜、风化及人为损伤等内容为必检项目。

C.2.4 钢构件损伤检测：

1 钢结构构件腐蚀损伤测量应按板件测量；对于型钢，应按肢、翼缘等测量。

2 腐蚀损伤对钢材性能的影响可按下列规定判定：

    1）腐蚀后的残余厚度大于 5 mm 且腐蚀损伤量不超过初始厚度的 10%时，可不考虑腐蚀对钢材性能的影响，但应考虑腐蚀损伤对构件截面造成的削弱。

    2）对于一般钢结构，腐蚀后的残余厚度不大于 5 mm 或腐蚀损伤量超过初始厚度的 10%时，不仅应考虑对构件截面的削弱，还应考虑对钢材强度、塑性和韧性的影响。钢材强度应乘以 0.8 的折减系数。

    3）对于薄壁钢结构，截面腐蚀削弱大于 5%时，不仅应考虑对构件截面的削弱，还应考虑对钢材性能的影响。钢材强度应乘以 0.8 的折减系数。

3 残余厚度检测可按下列规定进行：

    1）检测腐蚀损伤程度，应先清除待测表面积灰、油污、锈皮等。对需要量测的部位，可采用钢丝刷、砂轮等工具进行清理，直至露出金属光泽。

    2）对全面均匀腐蚀情况，测量腐蚀损伤板件的厚度时，应沿其长度方向至少选取 3 个腐蚀较严重的区段，每个区段选取 8 个～10 个测点，采用测厚仪测量构件厚度。腐蚀严重时，测点数应适当增加。取各区段算术平均量测厚度的最小值作为该板件实际厚度。

    3）对局部腐蚀情况，测量腐蚀损伤板件的厚度时，应在其最严重腐蚀部位选取 1 个～2 个截面，每个截面选取 8 个～10 个测点，采用测厚仪测量板件厚度。腐蚀严重时，测点数可适当增加。取各截面算术平均测量厚度的最小值作为板件实际厚度，并记录测点的位置。

    4）对角焊缝腐蚀情况，测量焊缝焊脚高度时，应根据焊缝的腐蚀状况,沿焊缝长度均匀布点 3 个~10 个,逐点测量焊缝厚度,取算术平均测量厚度作为焊缝实际厚度,并记录焊缝长度。

4 板件腐蚀损伤量为初始厚度减去实际厚度。初始厚度为板件未腐蚀部分实测厚度。初始厚度应取下列两个计算值中的较大者:

1) 所有区段全部测点的算术平均值加上 3 倍的标准差。

2) 公称厚度减去允许负公差的绝对值。

5 腐蚀损伤对钢材材质的影响与腐蚀量有关,腐蚀量不超过初始厚度的 10% 且剩余厚度大于 5 mm 时,对钢材材质影响不大,可不考虑腐蚀的影响。但当腐蚀量超过初始厚度的 10% 时,则应考虑腐蚀的影响。

6 当焊缝的质量不满足要求或焊缝截面严重削弱时,应根据焊缝的实际状态计算。

7 对于一个节点中有个别或部分普通螺栓出现松动、脱落、螺杆弯曲、连接板翘曲、连接板螺孔挤压破坏等损伤,但节点仍然可以承载时,进行结构分析和节点承载能力计算应考虑损伤对节点的不利影响。当节点的部分或大部分螺栓出现损伤,以至于节点难以承载时,应判定节点失效。

8 对于个别或部分或大部分高强度螺栓出现损伤情况,其结构分析、节点承载力分析以及节点失效判定的方法,与普通螺栓相同。对高强度螺栓的松动采用定扭矩检测,当预拉力损失对普钢大于 10%、对薄钢大于 5% 时则确定有松动。

9 铆钉连接在早期的钢结构中以及承受动力荷载的结构中应用较多。对于个别或部分或大部分铆钉出现损伤情况,其结构分析、节点承载力分析以及节点失效判定的方法,与普通螺栓相同。

C.2.5 木结构构件及其连接节点在不同的工作环境中的损伤情况可能不一致,故木结构构件及连接节点的损伤应逐根、逐个检查。木结构构件及其连接节点的损伤均为必检项目。

对于木构件的连接铁件、螺栓、螺钉、扒钉及木格栅剪刀撑等铁构件的锈蚀、缺失等,可采用外观检查的方法进行检测。

对胶合木构件,还应检查翘曲、顺弯、扭曲和脱胶等项目,对轻型木结构构件尚有扭曲、横弯和顺弯等项目,可采用外观检查、拉线与尺量的方法检测或采用水准仪进行测量。

C.3 房屋非结构构件

C.3.1 本条规定了外填充墙损伤检测的要求。对于作为承重结构的外墙的损伤检测,也可参考本条。

C.3.2,C.3.4 对内部分隔墙体、屋面和室内装修的现场检测进行规定。对于作为承重结构的内部分隔墙体的损伤检测,也可参考本附录相关条文。

C.3.5 对室外装饰构件(GRC 构件、石膏、铝板、大理石等装饰线条和装饰板)的损伤检测,需判断是否有即将掉落的安全隐患,并及时告知委托方。

附录 D 结构验算分析

D. 2   荷载(作用)的确定

D. 2. 4   本条主要是参考现行国家标准《既有建筑鉴定与加固通用规范》GB 55021 和现行上海市工程建设规范《现有建筑抗震鉴定与加固标准》DGJ 08—81 确定的。

附录 E 房屋变形测量及结构监测

E.2 房屋结构构件变形测量

E.2.1 房屋结构构件的变形测量宜根据房屋实际情况和检测鉴定的要求进行。

E.3 房屋整体变形测量

E.3.1~E.3.4 建筑物的不均匀沉降和倾斜可以作为评判地基、基础工作状态的重要指标,因此,建筑物的不均匀沉降和倾斜应作为必检项目。对建筑物的不均匀沉降和倾斜测量结果,数据处理时应考虑施工误差的影响。

E.4 结构监测

E.4.2 本标准结构应变监测不包括动应变监测。当结构表面或内部无法安装应变计时,可采用间接方法利用位移传感器等位移计构成的装置进行。应变监测与变形监测宜同步进行,便于数据对应校核。

E.4.3 水平位移监测前应检测和分析测点的位移方向;无法确定时,可选择相互垂直的两个方向进行监测。

E.4.4 房屋沉降监测一般持续很长时间,因此,基准点和沉降观测点必须牢靠。且为了保证数据的连续性,应至少设置 3 个基准点,以保证万一其中一个基准点被破坏后仍能正常观测。另外,考虑了与现行上海市工程建设规范《既有建筑物结构检测与评定标准》DG/TJ 08—804 以及现行行业标准《建筑变形测量规范》JGJ 8 的协调。

E.4.5 裂缝监测前应对裂缝进行检测,并记录裂缝的长度、宽度、深度、走向、是否贯通等。对已发现的裂缝的宽度开展情况可采用布设传感器进行监测;同时根据结构的受力特点,选取重点部位,采用观测和量测的方法对未知裂缝进行监测。在监测过程中若发现新的裂缝,应增补监测。

E.4.6 挠度监测应采取措施保证观测仪器的稳定性。

E.4.7 在相邻施工影响房屋损坏趋势检测鉴定中,倾斜监测与沉降监测工作可以现场同步进行,便于数据对照分析;而非倾斜监测和沉降监测工作需要同频率进行。